Werner Harke

Evolution:

Gezählt, gewogen und zu leicht befunden

Ein kurzer Vergleich des Evolutionskonzepts mit den Tatsachen. Zahlreiche wissenschaftliche Fakten, die eine Evolution definitiv ausschließen.

TPI

Für Menschen, die sich statt auf Vermutungen und Meinungen lieber auf Tatsachen verlassen

Bildnachweis: Wenn nicht anders vermerkt, Abbildungen aus: Art Explosion, Nova Development Corporation, Calabasas/CA, USA 2001 (einschließlich Titelbild); The Big Box of Art, Hemera Technologies Inc., Hull, Quebec/Canada 2001

Verlag Jugend mit einer Mission,
Schloßgasse 1, 86857 Hurlach

Satz und Gestaltung: TPI/ Truth Press International

Druck: Ebner & Spiegel, Ulm

ISBN: 3-930183-14-5

Inhaltsverzeichnis

Wissenschaft oder Wunschdenken?

Seit über 100 Jahren beherrscht ein Denkmodell die Wissenschaft und das allgemeine Verständnis: **Evolution**. Alles entstand durch Zufall, aus dem Nichts, blind, ohne Ursache, einfach so, von selbst.

Gemäß dem normalen wissenschaftlichen Verständnis, wie es sonst gepflegt wird, ist diese Vorstellung absurd. **Sie widerspricht sämtlichen naturwissenschaftlichen Erkenntnissen und Gesetzen.** Würde man sie zu irgendeinem anderen Konzept äußern, gäbe es nur eine Bewertung: Humbug, Nonsense, Unfug.

Für das Evolutionskonzept jedoch ist diese Vorstellung anerkannt. Die Materie entstand aus dem Nichts, das Universum, der Urknall, das Leben, die Ursuppe, Pflanzen, Tiere, Menschen, Intelligenz, Gewissen, logisches Denken - alles aus dem so wunderbar strapazierfähigen Nichts. Per Zufall hat sich alles immer höher entwickelt, bis die Krone der Evolution erreicht war, der vernunftbegabte, unbestechliche, allweise Mensch.

Lieber Leser, dem ist nicht so. Eine Fülle von wissenschaftlichen Tatsachen spricht dagegen. Es braucht dazu weder Religion noch Theologie. Das Evolutionskonzept ist bis heute **ohne definitive wissenschaftliche Beweise**. Das ist in der Öffentlichkeit nicht bekannt, weil Evolutionisten immer nur von Tatsachen, Beweisen, wissenschaftlichen Ergebnissen reden. In Wirklichkeit handelt es sich fast durchweg um Hypothesen - auf deutsch um Meinungen, Ansichten, Vermutungen.

Das hört sich dann so an: „Wir wissen alle ...“, „Niemand zweifelt heute noch daran ...“, „Es ist so gut wie sicher ...“, „Wir können heute davon ausgehen ...“, „Es ist allgemein bekannt ...“ usw. Die Aussagen, die folgen, sind dann dieser Art: „Vor 65 Millionen Jahren erschienen zum ersten Mal ...“, „Vor 300 Millionen brachte die Evolution das Kunststück fertig ...“, „Mit einem Paukenschlag begann vor 600 Millionen Jahren ...“, „Die Evolution schuf ... es gelang ihr ... sie wußte sich zu helfen ... sie machte sich an ihr Meisterstück ...“ usw.

Dazu muß man wissen, daß sich die Menschheitsgeschichte gerade einmal 5000 Jahre zurückverfolgen läßt. Alle darüber hinausgehenden Aussagen gründen auf Fossilienfunden in verschiedenen Erdschichten sowie auf Datierungsmethoden, die mit etlichen Unbekannten arbeiten (über beides später mehr). Es gibt also viel Raum für Mutmaßungen, Spekulation, Phantasie - und der wird reichlich genutzt. Der Öffentlichkeit wird allerdings alles immer als „wissenschaftliche Tatsache“ präsentiert.

Laut Definition muß eine Wissenschaft belegbare, nachweisbare Daten anführen. Wird eine Theorie aufgestellt, muß diese logisch begründbar und anhand von Experimenten oder durch Beobachtung prüfbar sein. Aus dieser Theorie aufgestellte Sätze müssen Voraussagen erlauben, die sich dann in der Praxis bestätigen.

Das alles trifft auf Evolution nicht zu. Über 700 Naturwissenschaftler allein in den USA erklärten bereits öffentlich, daß das Evolutionskonzept mit den vorliegenden Fakten unvereinbar sei.

In Wirklichkeit ist das Evolutionskonzept **keine Naturwissenschaft, sondern eine Naturphilosophie,** errichtet auf einem riesigen Hypothesengebäude, das voller Unstimmigkeiten und Ungereimtheiten steckt. Genau wie der Glaube an eine Schöpfung ist Evolution ein **Glaubenssystem**, eben der Glaube an Evolution. Religiöse Züge sind unverkennbar. Für viele Menschen mag dies extrem klingen, wird aber im dogmatischen Verhalten und Vorgehen der Evolutionswissenschaftler leicht erkennbar.

Wer mit der Thematik nicht näher vertraut ist und sich auf die Aussagen der Evolutionswissenschaftler verlassen muß, kann die Manipulation nicht durchschauen. So werden zum Teil „Evolutionsbeweise“ vorgestellt, die auf den ersten Blick sehr einleuchtend und logisch erscheinen, aber gar keine echte „Evolution“ zum Inhalt haben. Nachstehend ein Beispiel dazu:

Scheinbeweise für Evolution

Der Mechanismus dieser fälschlichen „Beweisführung“ sei am Beispiel **Mikro- und Makroevolution** erläutert. Bei der *Mikroevolution* geht es um Veränderungen innerhalb einer Art - z.B. bei Hunden, Finken, Motten usw. Das läßt sich in der Natur vielfältig beobachten. Niemand behauptet etwas anderes. Aber es ist keine „Evolution“ von etwas Neuem, das es vorher noch nicht gab, sondern einfach eine **Variation bereits vorhandener Erbanlagen**. Diese Erbanlagen (Gene) gehörten schon immer zur Grundausstattung der betreffenden Art, sie gehörten zum ursprünglichen „Genpool“.

Bei **Makroevolution** dagegen geht es um die Entstehung völlig neuer Baupläne, Organe, Glieder und Arten. Das wäre wirkliche „Evolution“ zwischen den Arten. Sie läßt sich nirgends beobachten - weder in den Fossilien, noch in der Natur, noch im Experiment. Sie gibt es nicht.

Das wissen alle Wissenschaftler, sicher auch die Evolutionsbiologen. Doch lassen Evolutionisten diese Unterscheidung bewußt gern unter den Tisch fallen. Mit der *Mikroevolution = Variation*, die überall zu beobachten ist (aber keine Evolution ist), versuchen sie auch *Makroevolution* als „bewiesen" hinzustellen. Genannt wird dies dann **„Evolution in Aktion"**.

Der Öffentlichkeit wird also **Variation** als „Evolution in Aktion" verkündet. Diese frohgemute Darstellung ist dann bindend für die wissenschaftlichen Journale und Schulbücher. Laut Lehrplan sind auch die Lehrer gehalten, es so zu lehren - oft wider besseres Wissen. Kein Wunder, daß alle Welt an Evolution glaubt - sie ist ja *„wissenschaftlich bewiesen, das lernt man ja schon in der Schule"*. In Wirklichkeit werden hier Schüler, Eltern, Studenten, Journalisten, Redakteure usw. einfach falsch informiert.

Wenn Wissenschaftler solche Beispiele unbedarften Laien als Evolutionsbeweise darbieten, kann der Laie den Trick nicht erkennen. Er muß es einfach glauben, denn er sieht bei den Darwinfinken, Birkenspannern, Hunden usw. die „Evolution" ja mit eigenen Augen. **Als Nichtbiologe ist der Laie den Wissenschaftlern ausgeliefert.** Er vertraut ihnen natürlich.

Vögel aus Reptilien?

Wie soll er unterscheiden, daß das Züchten verschiedener Hunderassen in keinster Weise ein Beweis für die Entstehung von Reptilien aus Fischen, Vögeln aus Reptilien und Katzen aus Hunden ist? Es ist reine Vernebelungstaktik, wenn Evolutionisten mit Veränderungen **innerhalb einer Art** Veränderungen **von einer Art in eine andere** durchschleusen wollen.

Im Grunde grenzt das schon an Etikettenschwindel. Es ist Irreführung der fachlich nicht vorgebildeten Öffentlichkeit. In Wirklichkeit ist bis heute noch nicht ein einziger Beweis für Makroevolution gefunden worden.

Als **Charles Darwin** 1859 sein Buch „Die Entstehung der Arten" veröffentlichte, setzte er als Evolutionsmechanismus **Selektion** an. Die Neodarwinisten fügten später **Mutation** hinzu. Dies ist für Variation („Mikroevolution") zutreffend, nicht jedoch für Makroevolution. Darwin schloß einfach von den beobachtbaren Vorgängen *innerhalb* einer Art auf gleichartige Mechanismen *zwischen* den Arten. Das erwies sich als grundlegender Fehlschluß.

Wie später gezeigt wird, sind sowohl Selektion als auch Mutation für Makroevolution völlig untauglich. Aber noch immer gelten sie als Grundpfeiler des Evolutionskonzepts.

Seit 150 Jahren sind wir auf „Evolution" programmiert worden. Es ist fast undenkbar, etwas anders zu denken. „Evolution" ist zu einem feststehenden Denkmonopol geworden. Aber das Evolutionsgebäude ist durch und durch brüchig. Nicht aufgrund theoretischer Überlegungen, sondern wissenschaftlicher Fakten. Diese Fakten werden nachfolgend vorgestellt. Hierbei wird der Begriff „Evolution" immer im Sinne von **„Makroevolution"** verstanden.

Bevor wir uns den Fakten zuwenden, eine Frage: Wie kann ein wissenschaftliches Konzept in eine Ideologie abgleiten?

Wie Wissenschaft zur Ideologie wird

Der Grund für das Abgleiten des Evolutionskonzepts zur Philosophie bzw. Ideologie ist **Realitätsausblendung**. Evolutionisten stellen von vornherein eine Prämisse (Vorannahme) auf: Universum, Leben, Mensch, Tier und Pflanze sind per Zufall entstanden. Jeder Eingriff aus einer höheren Dimension wird absolut ausgeschlossen. **Alles soll rein innermateriell erklärt werden.**

Die Materie ist alles; eine mögliche transzendente, übernatürliche, unsichtbare Dimension wird von vornherein für nichtexistent erklärt. Damit legt sich das Evolutionskonzept dogmatisch auf einen Teilausschnitt der Realität fest und landet in einem wissenschaftlichen Zwangskorsett.

Alles Vorhandene soll dann ausschließlich mit den Größen Materie, Zufall, Selektion, Mutation und Jahrmilliarden erklärt werden. Das war 1859, als **Darwin** seine Theorie aufstellte, vielleicht noch vorstellbar, denn es gab kaum konkrete wissenschaftliche Daten. Es gab auch nur wenige Fossilienfunde, so daß man auf noch zu entdeckende „Übergangsglieder" hoffen konnte. Heute, nach 150 Jahren, steckt das Evolutionskonzept dank seiner Vorfestlegungen hoffnungslos in der Sackgasse.

Obwohl heute Millionen von Fossilien untersucht sind, ist noch immer **kein einziges Übergangsglied** aufgetaucht. Archaeopteryx, Pferdereihe, Birkenspanner, Quastenflosser usw. haben sich längst als ungeeignete Beweismittel erwiesen. Haeckels „Biogenetisches Grundgesetz" wurde als wissenschaftlicher Irrtum entlarvt (es findet sich aber immer noch in Schulbüchern - ein Beispiel, mit welcher Zähigkeit an einmal eingeführten Dogmen festgehalten wird).

Andererseits ist es heute Allgemeinwissen, daß übernatürliche Phänomene existieren. Daran kommt niemand mehr vorbei. Dazu muß man gar nicht so anrüchige Gebiete wie Esoterik und Okkultismus bemühen. Bei **Nahtoderlebnissen** können klinisch tote Patienten nach ihrer Wiederbelebung oft schildern, wie sich ihre Operation abspielte, was die Ärzte taten, sagten usw. Sie sahen alles von außerhalb ihres Körpers. Sie können sogar angeben, was in anderen Räumen geschah. Das sind überprüfbare Aussagen, die bestätigt werden können. Manche solcher Patienten kamen in einen Tunnel. Manche berichteten, daß sie verstorbenen Verwandten begegnet sind, von denen über-

Erweis einer nichtmateriellen, übernatürlichen, transzendenten Dimension bei Nahtoderlebnissen

haupt noch niemand wußte, daß diese bereits gestorben waren. Verblüffenderweise erwiesen sich auch solche Angaben als wahr.

Es gibt inzwischen einen ganzen Wissenschaftszweig, der sich systematisch mit Phänomenen dieser Art befaßt - die **Nahtodforschung**. Ärzte, Psychologen, Naturwissenschaftler bestätigen die Realität solcher Erscheinungen. Diese wegzuerklären ist nicht möglich. Sie sind ein deutlicher, nachprüfbarer, wissenschaftlich belegter Hinweis auf eine **übernatürliche, nichtmaterielle Dimension.** Diese Dimenson generell auszuklinken, ist daher schlicht und einfach unwissenschaftlich.

In praktisch allen Wissenschaftszweigen, die sich objektiv mit Evolutionsthesen befassen, wurde inzwischen eine **Unvereinbarkeit** der wissenschaftlichen Daten und Forschungsergebnisse mit den Evolutionshypothesen nachgewiesen. Das gilt für Biochemie, Informatik, Astronomie, Paläontologie, Geologie, Molekularbiologie, Genetik, Physik, Mathematik usw. Von den Fakten her könnte das Evolutionskonzept daher zu den Akten gelegt werden - wenn es eine Wissenschaft wäre.

Aber von einer Ideologie perlen Fakten ab wie Wasser von einer Ölhaut. Es werden einfach neue Zusatzhypothesen aufgestellt, und das Konzept steht glänzender da denn je. Für den fachlichen Laien bleibt verborgen, daß dieser Glanz nur äußerlich ist und nicht auf Fakten beruht. Evolution entspricht dem atheistischen Zeitgeist, in dem **Selbstbestimmung** unser höchster Wert ist. Evolution bietet somit einen „wissenschaftlichen Beweis" für die menschliche Autonomie und wird daher gern akzeptiert.

Auch die liberale **„Gott-ist-tot-Theologie"** nutzte das

Evolutionskonzept umgehend als „wissenschaftliche" Grundlage. Die meisten Universitätstheologen glauben heute an Evolution. Der **Zufall** übernimmt dann die Stelle Gottes. Dieser Glaube findet - anders als der an Gott - breite Zustimmung, denn er ist ja „rational".

Wird ein Glaubenskonzept durch breite Zustimmung realer? Natürlich nicht. Jedes Konzept muß an konkreten Daten und Fakten geprüft werden. Ohne prüfbare Belege bleibt alles nur Meinung und Behauptung. **Am Schluß entscheidet nicht der Glaube, sondern die Realität**. Das gilt sowohl für Religionen und Sonderlehren als auch für wissenschaftliche Hypothesen und Theorien.

Der amerikanische Mathematik- und Philosophieprofessor **David Berlinski** äußert sich über die wundersame Rolle des Ersatzgottes **„Zufall"** so:

„Komplexe Strukturen kommen in unserer menschlichen Welt nur durch einen Prozeß überlegten Planens zustande. Ein Akt der Intelligenz ist erforderlich, um auch nur einen Fingerhut herzustellen ... Was wir täglich erfahren, lehnen die Vertreter von Darwins Evolutionstheorie ab ... Nichts als stupider Zufall schuf die dichte, gewundene Kette der DNS - nichts als stupider Zufall brachte die primitiven Chemikalien des Lebens dazu, eine lebende Zelle zu formen ... Erstaunlich: Nichts als stupider Zufall" *(Ztschr. Factum 6/2002, Der ungenügende Darwin, S. 38/39)*.

Das Evolutionskonzept kann sein Überleben nur sichern, indem es kritische Einwände, Fakten und Gegenargumente systematisch verdrängt. Dazu benutzt es vor allem die Keule der **„Unwissenschaftlichkeit"**. Wissenschaftler, die sich nicht den evolutionären Denkzwängen anpassen, werden als „unwissenschaftlich" abgestempelt. Ihre Forschungsergebnisse werden in den wissenschaftlichen Journalen nicht abgedruckt, ihre Bücher stillschweigend übergangen.

Eine weitere Variante, um gläubige Wissenschaftler unglaubwürdig zu machen, ist, sie mit dem wirksamen Auf-

„FUNDAMENTALISTEN“: Aha! Unberechenbar, gemeingefährlich

kleber **„Fundamentalisten“** zu versehen. Damit werden sie (und gläubige Christen überhaupt) unauffällig an die Seite von Terroristen gerückt. Was beim unbefangenen Empfänger dieser Aussage ankommt, ist die unterschwellige Botschaft: Vorsicht, das sind Leute, die mit Bomben hantieren, Brandstifter, engstirnige Fanatiker, vom gleichen Kaliber wie Islamisten.

(Im Neuen Testament werden Christen im Gegenteil dazu aufgefordert, Liebe, Freundlichkeit, Hilfsbereitschaft zu üben und von Gewalt und Zwang abzusehen. Wo Christen *gegen* das Neue Testament gehandelt haben - Kreuzzüge, Inquisition - sind sie schuldig geworden. Aber wenn ihr Glaube biblisch ist, versuchen sie das unbedingt zu vermeiden.)

Doch wenn Evolutionisten das „Fundamentalisten“-Etikett benutzen, wird ihnen das abgenommen, weil sie als Wissenschaftler hochangesehen sind. Sie sind die Kapazitäten, auf deren wissenschaftliche Ergebnisse heute unser nachchristliches **Selbst- und Weltbild** gründet. Von ihnen erwartet man ganz selbstverständlich Ehrlichkeit und Wahrheit. Das tun auch Presse und Medien, die solche Äußerungen meist unbesehen weitergeben.

In den USA, in denen Schöpfungsforschung als „religiös“ aus der wissenschaftlichen Szene verbannt wurde, hat sich inzwischen eine **„Intelligent Design Movement“** gebildet. Das sind Wissenschaftler, die nicht mehr von einem möglichen Schöpfer, sondern von „intelligentem Design“ sprechen. Damit gebrauchen sie einen wissenschaftlichen Begriff und müssen notgedrungen in der wissenschaftlichen Literatur zur Kenntnis genommen werden. Ihre Forschungsergebnisse sind allerdings so überzeugend, daß immer mehr Wissenschaftler sich ihrer Sichtweise anschließen.

Zahlreiche Naturwissenschaftler, Physiker, Chemiker, Astronomen usw. sind erst durch ihre Forschungsergebnisse zum Glauben an Gott gekommen. Warum tun sich Wissenschaftler anderer Fachrichtungen viel leichter, mit der Realität Gottes zu rechnen, als Biologen? Ganz einfach: Sie

sind durch keine Ideologie oder Vorannahme festgelegt. **Sie nehmen einfach die Fakten,** bewerten sie und ziehen ihre Schlüsse. Wenn die Fakten für eine übernatürliche Dimension bzw. für intelligente Planung sprechen, können sie das ohne weiteres akzeptieren.

Evolutionsbiologen dagegen bewegen sich in einem ideologischen Käfig. „Unpassende" Fakten fallen sofort durch ihr Raster „Es gibt nichts Übernatürliches". Eine sachlich-objektive Arbeitsweise ist so nicht möglich. Alles, was der vorgefaßten Festlegung nicht entspricht, wird ausgesiebt.

Im Grunde gibt es nur wenige Sachverhalte, die sich ohne Zwang im Sinne von Evolution interpretieren lassen. Dazu gehören die ziemlich regelmäßige Schichtfolge der Erdschichten, die Lichtjahre entfernten Sterne und die Ähnlichkeiten im Bauplan der Lebewesen. Doch diese Sachverhalte lassen sich ebenfalls ohne Evolution erklären. Darüber mehr im nun folgenden Hauptteil.

Evolution und die Tatsachen

Sowohl **Evolution** als auch **Schöpfung** sind Glaubensaussagen. Niemand war dabei, es gibt keine Zeugen. Alles, was über den Zeitraum von ca. 3000 v. Chr. hinausgeht, ist Spekulation. Ob es darüber hinaus um weitere 1000 Jahre oder um Hunderte von Millionen Jahren zurückgeht, kann nur indirekt geschlossen werden. Es können in jedem Fall nur **Indizien** angeführt werden. Aber auch dafür braucht man Daten. Mit Hypothesen läßt sich auch kein Indizienbeweis erstellen.

Im folgenden werden zu zahlreichen Stichworten jeweils der **Evolutionsstandpunkt** und die **wissenschaftlichen Tatsachen** gegenübergestellt. In knapper, übersichtlicher Form wird dadurch sichtbar, wie es um die Evolutionslehre bestellt ist. Die wissenschaftlichen Aussagen sind absichtlich einfach gehalten, um auch dem Laien ein Verständnis zu ermöglichen. Die Stichworte werden in **alphabetischer Reihenfolge** aufgeführt:

ÄHNLICHKEITEN

Evolution: Die Ähnlichkeiten in den Bauplänen zahlreicher Lebewesen beweisen, daß alles voneinander abstammen muß.

Tatsache: Ähnlichkeit ist kein Beweis für Abstammung. Gleiche Baupläne lassen sich ebensogut auf den gleichen Konstrukteur zurückführen. Es ist sogar so, daß bei manchen Arten *gleiche* Organe aus *verschiedenen* embryonalen Anlagen hervorgehen - was eindeutig gegen eine allgemeine „Abstammung" spricht.

Beuteltiermaus und **Säugetiermaus** sehen sich zum Verwechseln ähnlich, obwohl gemäß Evolution Beuteltiere und Säugetiere sich teilten, bevor es Mäuse gab. Gleiches gilt von Beutelmaulwurf und Säugermaulwurf. Um diese Ähnlichkeit zu erklären, sprechen Evolutionisten von „konvergenter Evolution" - zufälliger Parallelentwicklung. Könnte der Zufall damit nicht leicht überfordert sein?

AKTUALISMUS

Evolution: „Aktualismus“ (auch „Uniformitarismus“) bezeichnet eine Lehrmeinung, die der englische Geologe **Charles Lyell** Mitte des 19. Jahrhunderts aufstellte: *„Die Gegenwart ist der Schlüssel zur Vergangenheit.“* Damit wollte er ausdrücken, daß alles frühere Geschehen genauso abgelaufen ist, wie es auch aktuell in der Gegenwart geschieht, nämlich in kleinen, allmählichen, gleichmäßigen Schritten.

Tatsache: Diese Annahme, die sich die Evolution rasch zu eigen machte, und die eine wesentliche Rolle in Darwins Überlegungen spielte, widerspricht allen Beobachtungswerten. Woher kommen die fossilen Versteinerungen? Bei

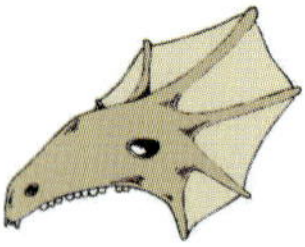

gleichmäßigen Abläufen wie in der Gegenwart versteinert überhaupt nichts. Woher kommen die riesigen Erdöl- und Kohlevorkommen? Woher kommen die Palmenreste an Nord- und Südpol? Wieso konnten Hunderttausende von **Mammuten** in Sibirien urplötzlich erfrieren?

In Sekundenschnelle erfroren

Diese Tatsachen sind **ohne ungeheure Katastrophen** überhaupt nicht erklärbar. In der Erdgeschichte muß es früher ganz anders zugegangen sein. Dabei kann es sich nicht nur um kleine, lokale Ereignisse gehandelt haben (wie Evolutionisten sie inzwischen infolge der erdrückenden Beweislast zugestehen), sondern es müssen globale, kontinentweite, ungeheure Katastrophen gewesen sein, wie sie seither nie wieder geschehen sind.

Jahrmillionen waren dazu nicht erforderlich, denn Wissenschaftler haben z.B. **Kohle** und **Öl** bereits in wenigen Tagen unter Luftabschluß, hohem Druck und Hitze aus Abfall herstellen können.

ALTER DER ERDE

Evolution: Gemäß den radiometrischen Datierungsmethoden ist die Erde 4,5 Milliarden Jahre alt.

Tatsache: Die radiometrischen Datierungsmethoden sind höchst spekulativ (s. „Datierungsmethoden"). Es gibt zahlreiche nichtradiometrische Daten, die alle diesem Wert widersprechen und auf eine weitaus jüngere Erdgeschichte hindeuten:

- der **Salzgehalt** der Meere. Da der Salzgehalt durch die Zufuhr aus den Flüssen ständig steigt, müßten bei 4,5 Milliarden Jahren längst alle Meere zu toten Salzmeeren geworden sein

- das **Flußdelta des Missisippi** müßte bereits den ganzen Golf von Mexiko ausfüllen. Wenn man von der jetzigen jährlichen Ablagerungsrate ausgeht, ist das Delta höchstens 4000 Jahre alt

Missisippi-Delta: In 4,5 Milliarden Jahren wäre der Golf von Mexiko längst völlig aufgefüllt

- die **Erdbevölkerung** würde bei 2 Millionen Jahren jeden Quaratmeter Erde bedecken. Wenn man von der heutigen Sieben-Milliarden-Bevölkerung zurückrechnet, landet man bei Null etwa im Jahr 2300 v. Chr. (ein Datum, das sich erstaunlich genau mit dem Sintflut-Datum gemäß biblischer Chronologie deckt).

- die **Erosion** hätte in nur 14 Millionen Jahren bereits alle Kontinente und Gebirge bis auf Meereshöhe eingeebnet

- das **Magnetfeld der Erde** nimmt fortwährend ab. Wenn man zurückrechnet, müßte das Magnetfeld vor nur 20000 Jahren so hoch gewesen sein, daß Leben unmöglich gewesen wäre. Andererseits dürfte es bei einem Millionen-Alter der Erde längst kein Magnetfeld mehr geben

- der **Mond** entfernt sich jährlich mit einer bekannten Geschwindigkeit von der Erde. Wäre er schon Millionen Jahre alt, müßte er der Erde zu Beginn so nahe gewesen sein, daß die Gezeitenflut alles Leben ertränkt hätte

- die Ringe des Planeten **Saturn** müßten längst verschwunden sein
- Die noch tätigen **Vulkane** auf kleinen Himmelskörpern müßten erloschen sein
- **Kometen** verlieren ständig Masse und zerfallen in ca. 10000 Jahren. Auch sie dürfte es schon lange nicht mehr geben.

Alle diese Daten sind weitaus gesicherter als die radiometrischen Datierungen und **sprechen total gegen Jahrmillionen und Jahrmilliarden**.

BIOGENETISCHE GRUNDREGEL

Evolution: „Die embryonale Entwicklung des Individuums wiederholt die Entwicklung der Art“ (Biogenetische Grundregel). Soll heißen, der Embryo durchläuft noch einmal im Schnellverfahren die gesamte jahrmillionenlange Stammesentwicklung seiner Art - inklusive Kiemen, Flossen, Schwänzchen, Fell usw.

Tatsache: Es ist seit gut 100 Jahren bekannt, daß der deutsche Zoologe und Evolutionist **Ernst Haeckel** seine Abbildungen, mit denen er sein „Biogenetisches Grundgesetz“ illustrierte, gefälscht hat.

Das wies u.a. auch der Göttinger Embryologe **Erich Blechschmidt** klar nach *(Die vorgeburtlichen Entwicklungsstadien des Menschen, Freiburg 1961)*. Die Wissenschaftler wissen das, aber noch immer findet dieses Hirngespinst Eingang in die Schulbücher. Es zeigt, daß auch Schulbuchautoren auf ihre evolutionistische Grundüberzeugung fixiert sind und sich schwer damit tun, aus ihrer Ideologie auszubrechen. Die vermeintlichen „Kiemen“ usw.

sind Beugefalten, aus denen später Augen, Ohren, Organe usw. entstehen. Der Embryo durchläuft keine Tierstadien und ist kein Tier, sondern **Mensch** von Anfang an.

DATIERUNGSMETHODEN

Evolution: Die radiometrischen Datierungsmethoden beweisen die langen Zeiträume.

Tatsache: Die Datierungsmethoden arbeiten mit dem Zerfall radioaktiver Isotope, wobei deren **Ausgangsmenge** und **Zerfallsgeschwindigkeit** grundsätzlich unbekannt sind (Zerfall von Kalium zu Argon, Uran zu Blei, Rubidium zu Strontium).

Wieviel war am Anfang drin? Das weiß keiner.

Die langen Zeiträume entstehen folgendermaßen: Es ist bekannt, wie schnell **Uran** in **Blei** zerfällt. Evolutionisten gehen nun davon aus, daß am Beginn des Zerfalls der Bleianteil Null war. Das ist eine willkürliche, unbewiesene Annahme. Das so berechnete Alter des Gesteins ergibt dann die eindrucksvollen „Jahrmillionen". Gab es aber schon am Anfang einen Bleianteil im Gestein, schrumpft dieses Alter plötzlich auf einige Jahrtausende. Bei der Zerfallsgeschwindigkeit nimmt man einfach an, daß sie immer „gleich" geblieben sei - was ebenfalls ohne Beleg ist.

Mit zwei Unbekannten in einer Gleichung läßt sich natürlich alles und jedes „berechnen". Es ist nicht verwunderlich, daß 200 Jahre altes Vulkangestein mit der **Kalium-Argon-Methode** schon auf 2 Milliarden Jahre datiert wurde. Solche Fehldatierungen gibt es häufig. Die langen Zeiträume, die das Hypothesengebäude der Evolution aufrechterhalten, sind äußerst spekulativ. Unerwünschte Datierungsergebnisse werden oft einfach „ausgefiltert" - d.h. übergangen, „entsorgt".

Immer wieder werden nachweisbar junge Gesteine (wie von neuzeitlichen Vulkanausbrüchen) per Datierungsmethoden auf ein Alter von Jahrmillionen „berechnet“. Schon die C14-Methode, die bis zu einem Zeitraum von 10000 Jahren anwendbar ist, weist Fehldatierungen bis zu 5000 Jahren auf.

In Australien wurde Holz umschlossen von Basaltgestein gefunden. Das Holz kam per C14-Datierung auf ein Alter von **45000** Jahren, der Basalt per Kalium-Argon-Datierung auf **45 Millionen** Jahre *(Don Batten, Fragen an den Anfang, CLV Bielefeld 2001, S. 87).* Eine Differenz, die auch Evolutionisten zum Nachdenken bringen sollte.

In Granitproben aus dem Präkambrium (der ältesten Erdschicht) findet sich immer noch **Helium**. Helium bildet sich als Nebenprodukt beim Zerfall von Uran zu Blei. Es ist ein leichtes Edelgas, das schnell entweicht. Gemessen mit der Uran-Blei-Datierungsmethode ist der Granit **über 600 Millionen Jahre** alt. Gemessen an der Helium-Diffusionsrate kann der Granit nicht älter als höchstens **14000 Jahre** sein. Das ist ein irrsinniger Unterschied. Beide Datierungsmethoden sind in sich stimmig. Der Fehler kann nur in den Vorannahmen für Ausgangsmenge und Zerfallsgeschwindigkeit bei der Uran-Blei-Methode liegen.

Radiokarbon (C14) zerfällt in wenigen 10000 Jahren zu Null. Es taucht aber immer wieder in Proben von Öl, Gas und Kohle auf, die Jahrmillionen alt sein sollen. Auch in nahezu allen Fossilien, egal wieviel „Millionen Jahre“ alt, findet sich C14. Diamanten werden von Evolutionisten auf bis zu 1 Milliarde Jahre alt geschätzt. Auch sie enthalten C14. Da Diamanten praktisch undurchdringlich hart sind, entfällt hier auch das gern gebrauchte evolutionistische Argument von einer „Verunreinigung“ von außen. Sogar bei **lebenden Tieren** kommen mit der C14-Methode manchmal Alter von Tausenden von Jahren heraus.

Sowohl die Helium- als auch die C14-Ergebnisse legen nahe, daß mit den Datierungsmethoden und der geologischen Jahrmillionen-Zeittafel einiges nicht stimmen kann *(Carl Wieland, Ztschr. Creation 26/2, März 2004, S. 42-44; www.answersingenesis.org/creation/v26/i2).*

DINOSAURIER

Evolution: Vor ca. 230 Millionen Jahren entwickelten sich in den Erdzeitaltern Trias, Jura und Kreide die Dinosaurier und starben vor ca. 65 Millionen Jahren wieder aus.

Tatsache: Alle Fossilien der Dinosaurier zeigen vollentwickelte Exemplare, es ist keinerlei „Entwicklung" feststellbar. Die Saurier fanden in den damals vorherrschenden warmen Flachmeeren ein reiches Nahrungsangebot und konnten sich überproportional vermehren.

Brontosaurus

Tyrannosaurus Rex

Es gibt zahlreiche Hinweise dafür, daß Saurier und Menschen zur gleichen Zeit lebten. Im White-River-Canyon in Utah/USA finden sich indianische Felszeichnungen von Dinosauriern *(Don Batten, Fragen an den Anfang, CLV Bielefeld 2001, S.255)*. Die Bibel beschreibt ein Tier „Behemot", dessen „Schwanz sich wie eine Zeder streckt ... seine Gebeine sind wie eiserne Stäbe" *(Hiob 40, 15f)*. Drachengeschichten gibt es in der ganzen Welt. Auf einer Gedenktafel für den englischen Bischof Bell aus dem 15. Jahrhundert sind zwei Dinosaurier eingraviert *(Ztschr. Creation 25/4, S. 42)*.

Kreationisten sehen die Flachmeere von Trias, Jura und

Kreide als Folgen der **Sintflut**, in denen sich bestimmte Tier- und Pflanzengemeinschaften schnell vermehrten und einander ablösten. Der Biologe und Paläontologe **Joachim Scheven** prägte hierzu den Ausdruck **„Megasukzessionen"**. Das erklärt auch das Auftreten von „Leitfossilien". Das Aussterben der Dinosaurier wird auf die Eiszeit zurückgeführt, die im Gefolge der Kontinentaldrift auftrat.

Zu den fehlenden „Stämmen" des „Stammbaums" der Dinosaurier bemerkt Scheven: „Wissenschaft ist immer nur das, was wir wissen! Wo unterbrochene Linien anfangen, hört das Wissen auf. Alle Dinosaurier fangen in der Fossilüberlieferung fertig an. Das ist Wissenschaft!" *(Ztschr. Leben 6/1995, S. 3).*

DNA UND RNA

Evolution: Das jeder Zelle innewohnende Codierungssystem DNA/RNA ist durch zufällige chemische Prozesse und Mutation entstanden.

Tatsache: Das Codierungssystem der Nukleinsäuren DNA/RNA ist von unvorstellbarer Komplexität. In der DNA (deutsch: DNS) sind von Anfang an alle für Stoffwechsel, Lebenserhalt und Fortpflanzung nötigen Informationen gespeichert. Die RNA (RNS) bringt eine Kopie dieser Information zu den Proteinen, die alles herstellen. Die in der DNA gespeicherte Information hat den Umfang einer riesigen Bibliothek in einem Raum hundert Mal kleiner als ein Stecknadelkopf.

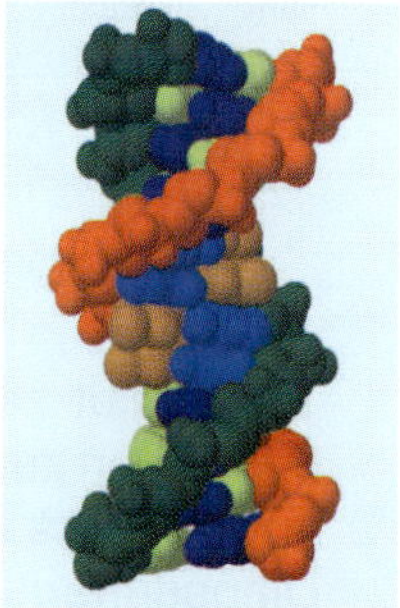

DNA: Im 100. Teil eines Stecknadelkopfes ist die gesamte „Deutsche Bibliothek" enthalten (Abb. aus: Junker/Scherer, Evolution, S. 97)

Da Zelle und DNA nur *abhängig* voneinander funktionieren können, müssen sie *gleichzeitig* entstanden sein. Das geht nicht per Mutation.

Der australische Biochemiker **John**

Marcus: „Es sollte klar sein, daß DNA, RNA und Proteine gleichzeitig alle beisammen sein müssen, wenn sie je an einem lebenden Organismus teilnehmen sollten" *(John Ashton, Die Akte Genesis, Berneck 2001, S. 143).*

Klaus Dose, Professor für Biochemie in Mainz, hält die Schwierigkeiten, um DNA künstlich herzustellen, für „gegenwärtig jenseits unserer Vorstellungskraft". Dabei meint er keine Herstellung per Zufall, sondern durch höchste Intelligenz.

Der Informatiker **Werner Gitt** stellt fest: „Es gibt keine Information ohne einen geistigen Ursprung. Durch einen rein statistischen Prozeß (d.h. zufällig) entsteht keine Information".

Der amerikanische Geophysiker **John Baumgardner**: „Codierte Sprachstrukturen sind in ihrer Natur nichtmateriell und verlangen zwingend eine nichtmaterielle Erklärung" *(Die Akte Genesis, Berneck 2001, S. 183).*

Die einfache Tatsache, daß es ein Codierungssystem wie DNA und RNA gibt, schließt eine Entstehung durch Evolution absolut aus.

EISZEITEN

Evolution: Es gab 3 - 20 Eiszeiten, zwischen denen jeweils Millionen Jahre lagen.

Tatsache: Wie können Eiszeiten entstehen? Der deutsche Paläontologe **Joachim Scheven** wies auf einen gravierenden Denkfehler im Evolutionskonzept hin: die Eiszeiten seien durch zunehmende Kälte entstanden. Denn je kälter es wird, desto weniger Niederschlag fällt.

Die riesigen Eiskappen über Europa und Nordamerika konnten nur entstehen, wenn auch riesige Schneefälle stattfanden. Dazu brauchte es große Wärmeenergiequellen in den Meeren. Als solche sieht Scheven die Unterwasser-

Ungeheure Wärmefreisetzung durch submarine Gebirgsfaltungen und Vulkane

Gebirgsfaltungen und Vulkanausbrüche im Gefolge der Sintflut und Kontinentaldrift an. Nur durch die Aufheizung der Meere konnte genug Verdunstungsfeuchtigkeit entstehen, um die ungeheuren Niederschläge zu erzeugen, die dann über dem Land als Schnee niedergingen und zu Eis gepreßt wurden. Über dem Land nahm die Temperatur gleichzeitig stark ab wegen des Vulkanstaubs, der das Sonnenlicht verdunkelte.

Schöpfungswissenschaftler gehen von einer einzigen Eiszeit aus, in der zeitweise Vorstöße und Rückzüge stattfanden, die insgesamt aber statt Jahrmillionen nur einige hundert Jahre dauerte.

Bei Eisbohrungen in Grönland und der Antarktis fand man in den letzten Jahren bis zu 140000 „Jahresschichten“. Sicher zu erkennen sind solche Schichten jedoch nur für einige tausend Jahre. Die tiefer liegenden Schichten sind sehr undeutlich und lassen sich viel eher als Spuren der zahlreichen Schneestürme aus verschiedenen Richtungen während der Eiszeit erklären.

Bis zu 20 verschiedene Eiszeiten oder nur eine mit verschiedenen Vorstößen und Rückzügen?

Auch die Hunderttausende eingefrorener Mammute in Alaska und Sibirien weisen nicht auf eine langsame, gemächliche Abkühlung hin (wie die Evolutionisten meinen), sondern auf plötzliche und katastrophische Prozesse.

ERDSCHICHTEN

Evolution: Die Erdschichten haben sich langsam und millimeterweise in Jahrmillionen-Zeitaltern abgelagert. Je dicker die Schicht, desto mehr Jahrmillionen. Die Schichten stellen daher eine **geologische Zeittafel** dar.

Tatsache: Insgesamt unterscheidet man **12 Erdschichten**, die anhand bestimmter Leitfossilien (Versteinerungen von Tieren und Pflanzen) in eine bestimmte Reihenfolge gebracht werden können. Allerdings finden sich an der gleichen Örtlichkeit gewöhnlich nur zwei bis vier Erdschichten übereinander. Eine komplette Abfolge aller Schichten gibt es nirgends. Die Regelmäßigkeit der Schichten ist das Hauptargument, auf das sich die Evolutionslehre stützt. Sie spricht daher von einer „geologi-schen Zeittafel" und setzt die Schicht-folgen mit „Jahrmillionen-Zeitaltern" gleich.

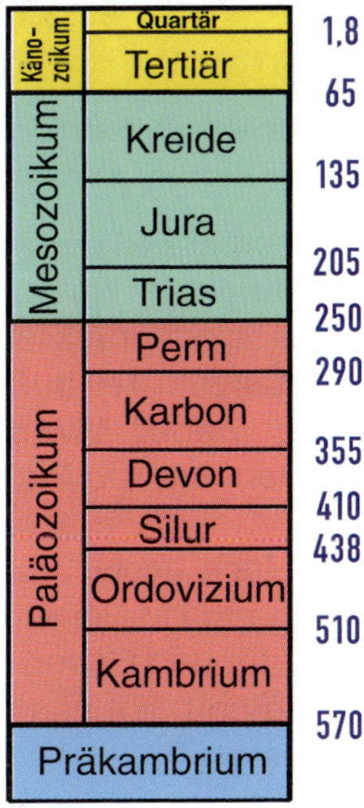

Geologische Tafel. Rechts Altersangaben in radiometrischen „Jahrmillionen" (nach Junker/Scherer, Evolution 1998, S. 205)

Dieser Annahme widersprechen jedoch unübersehbare Fakten. Wenn versteinerte Bäume **aufrechtstehend durch drei Erdschichten** ragen, können sie sich nicht in Millionen Jahren versteinert haben. Alles, was nicht ungeheuer schnell unter Luftabschluß und hohen Druck gerät, versteinert nicht, sondern verwest. Dieser Sach-verhalt widerspricht allen „Jahrmillionen".

Als 1980 der Mount St. Helens im Bundesstaat Washington/USA ausbrach, **wurden Erdschichten von 14 m Dicke in nur zwei Tagen abgelagert!** Es entstanden in

1980 erfolgte der Ausbruch des Vulkans Mt. St. Helens in Washington. Ganze Wälder wurden abrasiert. In nur wenigen Tagen entstanden riesige Ablagerungen und Canyons.

kürzester Zeit durch gewaltige Schlammströme **bis zu 200 m tiefe Canyons**. Millionen von Bäumen wurden durch Explosionsdruck einfach weggerissen und fanden sich später zum Teil **aufrechtstehend** in einem neugebildeten See wieder *(Dia-Dokumentation bei Wort + Wissen, Rosenbergweg 29, 72270 Baiersbronn)*.

Nach evolutionistischer Deutung wären für alle diese Vorgänge Millionen von Jahren nötig gewesen. So wird es z.B. für den **Grand Canyon** in Arizona veranschlagt. Aber auch dort gibt es ein Problem: Manchmal fehlt ohne eine Spur von Erosion eine Schicht zwischen zwei Erdschichten, wo sie laut geologischer Zeittafel eigentlich da sein müßte. Wenn man Erdschichten mit Erdzeitaltern gleichsetzt, fehlen also plötzlich irgendwo 40 oder 60 Millionen Jahre. Das spricht deutlich gegen „Erdzeitalter". Die Erdschichten zeigen zwar eine Abfolge an, aber keine Zeitdauer.

Grand Canyon. Ablagerungen langsam in Hunderten von Jahrmillionen oder sehr rasch als Folge der Sintflut?

Kreationisten interpretieren die Schichten als **Kurzzeitablagerungen unter Katastrophen-Bedingungen** (Sintflut und Folgekatastrophen wie Gebirgsfaltungen, Meeresbodenabsenkungen, Kontinentalverschiebungen, Vulkanausbrüche, Überschwemmungen, Verschüttungen, Kälteeinbrüche usw.).

Für eine **schnelle** Verschüttung sprechen z.B. Fossilien, die aus leicht verwesbaren Blättern, Farnen, Federn, Quallen bestehen. Ebenso Versteinerungen, in denen ein Fisch gerade den anderen verschlingt. Ebenso die riesigen Kohle- und Erdölvorkommen, die nur erklärbar sind, wenn ganze Wälder und ungeheure Pflanzenmassen schnell verschüttet wurden und unter hohen Druck gerieten. Auch die gewaltigen **Mammutfriedhöfe** in Sibirien sprechen für ein urplötzliches, katastrophales Geschehen.

Der Paläontologe **Joachim Scheven** wies nach, daß die Steinkohlewälder in der Karbonschicht nicht übereinander gewachsen sind („autochthon"), sondern riesige Schwimmwälder waren und unter Katastrophenbedingungen (Sintflut) angeschwemmt wurden („allochthon"). Die Kohleflöze stellen also keine nacheinander gewachsenen Wälder dar, sondern gehören zur gleichen Pflanzenmasse.

Auch die Braunkohlewälder sind nicht das Ergebnis einer jahrmillionenlangen Verwesung, sondern ebenfalls angeschwemmt worden. Damit schrumpft das angenommene Alter des Karbon plötzlich um 40 Millionen Jahre - es bleiben nur einige Jahrzehnte übrig; die Millionen fehlen *(Joachim Scheven, Karbonstudien, Hänssler 1986, S. 68f).*

In welcher Zeit leben wir heute dann eigentlich??

Der amerikanische Meteorologe **Edmond Holroyd**: „Bis jetzt kennen wir zahlreiche Beispiele dafür, daß radiometrische Datierungen falsche Werte ergeben können. Zum Beispiel die Lavagesteine des Mount St. Helens, die 10 Jahre alt sind, aber mit 1/3 bis 3 Millionen Jahre datiert wurden (*John Ashton, Die Akte Genesis, Schwengeler Berneck 2001, S. 219).*

FEINABSTIMMUNG ERDE - UNIVERSUM

Evolution: Es ist anzunehmen, daß auf zahlreichen andere Planeten in anderen Sonnensystemen ebenfalls Leben existiert.

Tatsache: Leben auf anderen Planeten ist eine unbewiesene Behauptung. Die Feinabstimmung der irdischen Daten in bezug auf das Universum ist so hoch, daß eine zufällige Entstehung einer solchen Konstellation praktisch ausscheidet:

- die optimale **Neigung der Erdachse** von 23,5 Grad. Nur bei exakt dieser Neigung ist Leben auf der gesamten Erde möglich
- die **Geschwindigkeit der Erdumdrehung**. Nur bei der gegebenen Geschwindigkeit bleiben die Temperaturunterschiede zwischen Tag und Nacht erträglich
- der **Abstand von der Sonne**: nur 1% mehr oder weniger wäre tödlich
- die genau richtige **Wärmestrahlung** der Sonne
- die genau richtige **Anziehungskraft** der Erde, um das Entweichen der Atmosphäre zu verhindern
- die genau richtige **Größe des Mondes** in bezug auf seinen Abstand zur Erde für gutartige Ebbe- und Flutgezeiten
- das optimale **Sauerstoff/Stickstoffverhältnis** der Atmosphäre als Voraussetzung für jegliches Leben (bei mehr Sauerstoff gäbe es fortwährend Brände)
- die **Ozonschicht** zum Schutz vor der agressiven Weltraumstrahlung
- die **Atmosphäre**, die für Temperaturausgleich sorgt und die unzähligen Meteore vorm Einschlagen verglühen läßt
- die genau richtigen **Schwerkraftverhältnisse** zwischen Erde, Sonne und Mond

Blick vom Mond auf die Erde

- das Vorkommen von **Wasser** mit seinen einzigartigen Eigenschaften und dem lebenserhaltenden Wasserkreislauf

Schon geringste Abweichungen von jeder dieser Feinheiten würden das Leben auf der Erde unmöglich machen.

"Wenn wir in das Universum hinausblicken, wie viele Zufälle in Physik und Astronomie zu unserem Wohl zusammengearbeitet haben, dann scheint es fast, als habe das Universum in einem gewissen Sinne gewußt, daß wir kommen." **Freeman J. Dyson**, Physiker *(Energy in the Universe, Scientific American 224, 1971, S. 50).*

GEOLOGISCHE ZEITTAFEL

Evolution: Gemäß „geologischer Zeittafel" begann das Leben vor ca. 600 Millionen Jahren. Die Saurier lebten dann vor 230 - 65 Millionen Jahren. Der Mensch existiert seit ca. 2 - 3 Millionen Jahren.

Tatsache: Der deutsche Ingenieur **Hans-Joachim Zillmer** weist in seinem Buch „Irrtümer der Erdgeschichte" auf folgende Funde hin: In Texas wurde ein versteinerter Hammer gefunden, der komplett in Sandstein eingehüllt war. Das Gestein wurde mittels der üblichen Datierungsmethoden auf ein Alter von mindestens 140 Millionen Jahre geschätzt. Dann müßten Menschen laut geologischer Zeittafel schon vor 140 Millionen Jahren existiert haben.

Zillmer nennt weitere Gegenstände (Löffel, Glocke, Eisenkessel, Goldkette usw), die in Schichten auftauchen, die viele Millionen Jahre vor der angenommenen Existenz des Menschen liegen. So auch ein Fingerhut eingebettet in Kohle - Kohle entstand im Karbon vor 355 - 290 Millionen Jahren. Einige dieser Funde wurden in wissenschaftlichen Zeitschriften beschrieben. Diese Funde machen die gesamte geologische Zeittafel zur bloßen Papiergleichung. Nach dieser Tafel existierte der Mensch entweder schon vor über

300 Millionen Jahren, oder die geologische Zeittafel ist schlicht falsch.

In einem Interview mit der Zeitschrift Factum bekennt Zillmer, daß er nicht an Gott glaube, aber aufgrund der Fakten auch nicht an Evolution *(Ztschr. Factum 7/2001, S. 19).*

Die **Schichtfolgen** der geologischen Zeittafel entsprechen im großen und ganzen den vorgefundenen Daten (es gibt aber Ausnahmen), doch die hineininterpretierten **„Zeiten"** haben mit der Wirklichkeit nichts zu tun.

HÖHERENTWICKLUNG

Evolution: Das Leben entstand plötzlich in der untersten Schicht der „Erdzeitalter", dem Kambrium, und entwickelte sich dann in Jahrmillionen immer höher („Präkambrium-Kambrium-Explosion").

Tatsache: Es gab keine „Entwicklung". Im Präkambrium war noch nichts da, im Kambrium waren plötzlich alle Lebewesen dieser untersten Schicht voll ausgebildet vorhanden. Sie entsprechen, wo sie nicht ausgestorben sind, genau den heutigen Formen - Seesterne, Schnecken, Quallen usw. Es sind keinerlei Spuren einer „Entwicklung" feststellbar.

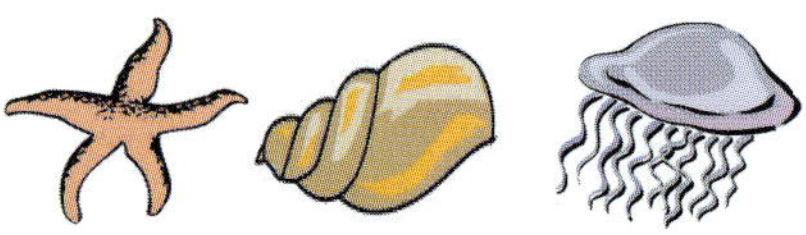

Daß die einzelnen Arten völlig unverändert geblieben sind, zeigen auch die zahlreichen **Bernsteinfunde**. Die eingeschlossenen Insekten und Pflanzen existieren, wo nicht ausgestorben, heute noch in genau der gleichen Gestalt wie im „Millionen Jahre" alten Bernstein (Beispiele in *Joachim Scheven „Bernsteineinschlüsse", Hofhem 2004).* Es sieht so aus, als ob die Insekten ihre gesamte „Höherentwicklung" verpaßt haben.

Eines der wissenschaftlich gesichertsten, immer und universell gültigen Gesetze, der **2. Hauptsatz der**

Unbestechlich, immer und überall gültig: Der 2. Hauptsatz der Thermodynamik - alles zerfällt.

Thermodynamik, schließt Höherentwicklung per Zufall strikt aus: **„In einem sich selbst überlassenem System wächst nicht die Ordnung, sondern die Unordnung.“** Man spricht auch vom *Gesetz der Entropie,* d.h. des Zerfalls: alles zerfällt vom Komplexen zum Einfachen. Dies gilt sowohl für offene Systeme (Erde) als auch für geschlossene Systeme (Universum).

Das bedeutet nicht Höher-, sondern **Abwärtsentwicklung**. Es sterben z.B. ständig Tierarten aus, aber es kommen keine neuen hinzu. Überall herrscht die Tendenz zu Abbau, Zerfall, Vereinfachung, Formenverlust und Degeneration. Sterne verglühen, Berge erodieren, Lebewesen altern, Hochzuchten verwildern, Autos rosten, Häuser verfallen, organisches Material verwest usw.

Höherentwicklung gibt es ausschließlich da, wo gezielt **Information** und **Intelligenz** eingesetzt werden. Ohne Information kann auch die Zufuhr von Sonnenenergie keinerlei Aufwärtsentwicklung bewirken. Auch mit noch soviel Sonnenenergie altern Menschen, Tiere, Planzen und sterben schließlich. Ebenso zerfallen Berge, Häuser, Autos auch bei schönstem Sonnenschein. Wenn wir bei Lebewesen Wachstum sehen, liegt das ausschließlich an der eincodierten genetischen Information in den Keimzellen.

Der amerikanische Geophysiker **Ker Thomson**: „Der 2. Hauptsatz der Thermodynamik ... bedeutet die völlige Zerstörung der Idee, daß sich Materie ohne eine intelligente Hilfe oder Führung von außen von selbst zu höherer Organisation entwickelte“ *(Die Akte Genesis, Berneck 2001, S. 176).*

Der 2. Hauptsatz der Thermodynamik schließt daher Evolution grundsätzlich und absolut aus.

KONTINENTALDRIFT

Evolution: Die Kontinentaldrift erforderte ca. zwei Millionen Jahre, da sich die Kontinente nur wenige Zentimeter im Jahr bewegen.

Tatsache: Der amerikanische Geophysiker **John Baumgardner** entwickelte mit Hilfe von Supercomputern ein Modell zu den tektonischen Plattenbewegungen im Erdmantel. Dieses Modell nennt sich **„Katastrophische Plattentektonik“** und ist als derzeit bestes Supercomputermodell anerkannt. Es besagt folgendes:

Der kalte Ozeanboden begann nach der Sintflut in den weicheren Erdmantel abzusinken und erzeugte dadurch Reibungswärme, besonders an den Rändern. Diese sanken daraufhin schneller ab und zogen den Ozeanboden nach sich. Die Folge war eine immer größer werdende Wärmeentwicklung und ein noch schnelleres Absinken (bis zu einigen Metern pro Sekunde). Dadurch brach der ursprüngliche Einheitskontinent der Erde auseinander und bewegte sich in verschiedene Richtungen. Gemäß diesem Modell ist es möglich, daß sich die Kontinentalplatten schnell verschoben. Irgendwann kamen sie zum Stillstand, so daß heute kaum noch Bewegung meßbar ist. Die Jahrmillionen würden entfallen *(Don Batten, Fragen an den Anfang,,CLV Bielefeld 2001, S. 167f).*

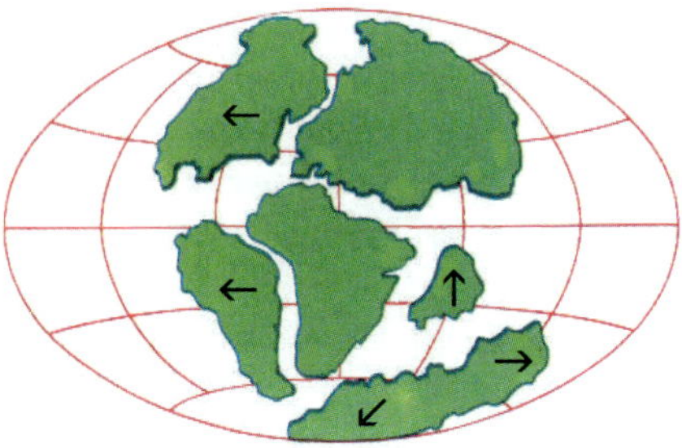

Der ursprüngliche Einheitskontinent „Pangäa“ driftete in 6 Kontinente auseinander

Interessant ist in diesem Zusammenhang eine kurze Bemerkung in der Bibel: Bei einem der Nachkommen Noahs heißt es plötzlich: „Einer hieß Peleg, weil zu seiner Zeit *die Erde zerteilt wurde*“ (1. Mose 10, 25).

MIKRO- UND MAKROEVOLUTION

Evolution: Eine „Evolution“ wird bei vielen Tierarten sichtbar - so bei Pferden, Birkenspannern, Darwinfinken, Haustierzüchtungen usw..

Tatsache: Wie eingangs ausgeführt, bestreitet niemand Veränderungen innerhalb einer Tierart, auch kein Schöpfungswissenschaftler. Man spricht dabei von **„Mikroevolution“**. Das ist jedoch gar keine „Evolution“, sondern lediglich eine **Variation bereits vorhandener Erbanlagen**. Es kommt nichts Neues hinzu. Es entsteht kein neuer Bauplan, kein neues Organ und erst recht keine neue Tierart.

Was die Evolutionisten behaupten, ist jedoch gerade die Umwandelung von einer Tierart (Grundtyp) in eine andere. Das wäre **„Makroevolution“**, d.h. echte Evolution. Die ist nirgendwo nachweisbar.

Nirgends Makroevolution: Grundtyp-übergreifend

Immer nur Mikroevolution: innerhalb von Grundtypen

(Abb. aus Junker/Scherer, Evolution - ein kritisches Lehrbuch, Weyel Gießen 1998, S. 52)

Als derartige „Evolutionsbeweise“ werden gewöhnlich die **Darwinfinken** auf den Galapagosinseln genannt. Was wird dabei in Wirklichkeit bewiesen? Daß unter Finken auf isolierten Inseln, wenn eine Dürre kommt, die größeren besser überleben und damit die Schnabelgröße zunimmt. Kommen normale Zeiten, gleicht sich das wieder aus. Halten die Dürrezeiten an oder bleibt die Population isoliert, nehmen die großschnabeligen zu. Aber es bleiben immer Finken - eindeutig *Variation*. Mit „echter" Evolution, wie sie Evolutionisten propagieren, hat es nicht das geringste zu tun.

Bei der bekannten **Pferde-Evolutionsreihe** („von kleinen mehrzehigen zu großen einzehigen") schwankt fortwährend die Anzahl der Rippen: 18, 15, 19 usw. Damit ist dieses „Paradebeispiel für Evolution" ebenfalls überholt.

Schon die 1865 von **Gregor Mendel** entdeckten Vererbungsgesetze beweisen die völlige Unveränderlichkeit der Arten (Grundtypen). Darwin und Haeckel ignorierten Mendel. Aber **Art bleibt Art** . So steht es schon im 1. Kap. der Bibel.

Ein anderer beliebter Paradebeweis für Scheinevolution ist der **Birkenspanner**. Der Birkenspanner hat seit jeher helle und dunkle Exemplare. Als in England im Industrieruß die dunklen weniger auffielen, wurden mehr helle gefressen. Der Bestand der Hellen nahm ab, der der Dunklen zu. Evolution? Nichts dergleichen. Lediglich Gendrift, eine Häufigkeitsverschiebung im Genpool. Inzwischen hat sich die Landschaft wieder aufgehellt, die „Evolution" ist wieder rückläufig.

Birkenspanner: 100 Jahre als „Evolutionsbeweis" mißbraucht (Abb. aus Junker/Scherer, Evolution, Weyel 1998, S. 72)

Ein weiteres Irreführungsbeispiel: die **Vielfältigkeit innerhalb der Arten**. Es gibt z.B. Dutzende von Hunderassen: Pinscher, Dackel, Doggen, Bernhardiner usw. Was ist also passiert? Evolution durch gezielte Zucht - so wird es dargestellt.

In Wirklichkeit ist es reine Variation. Züchter haben große, kleine, dicke, dünne Hunde aussortiert und spezielle Rassen gezüchtet. Aber es sind alles nach wie vor Hunde. Sie haben lediglich einen geringeren, begrenzteren Genpool gegenüber dem Gesamtpool (und sind daher auch viel krankheitsanfälliger als die Ursprungsform). Es kam nichts Neues hinzu, sondern im Gegenteil: es ging etliches verloren. **Keine Evolution, sondern Variation.**

120 neue Tierarten durch Zucht? Keine Spur - alles weiterhin Hunde

MENSCH

Evolution: Der Mensch hat sich aus den Affen entwickelt.

Tatsache: Nachdem 40 Jahre lang der gefälschte „Piltdown-Mensch“ Thema vieler evolutionistischer Doktorarbeiten war; der aus einem Zahn rekonstruierte „Nebraskamensch“ sich als Nabelschwein entpuppte und auch der „Javamensch“ gefälscht war, ist man mit den Rekonstruierungen vorsichtiger geworden. Der älteste Menschenfund, der Cro Magnon-Mensch, gleicht dem heutigen Menschen. Der „Neandertaler“ wird längst als normaler Homo sapiens angesehen. Ramapithecus und Australopithecus gelten inzwischen als ausgestorbene Affenlinien.

Der heutige Stand der Forschung: alle Funde sind entweder Affen oder Menschen, einschließlich Homo erectus, „Schädel 1470", „Lucy" usw. Übergänge sind nicht nachweisbar.

Die phantasievollen **Illustrationen** von Affenmenschen, Vormenschen, Urmenschen, Halbmenschen usw. in Biologiebüchern, Museen und Dokumentationen entstehen ausnahmslos aufgrund einer Handvoll von Knochenfunden. Um diese Knochen herum kann man alles zeichnen, was man will. Man kann diesen Phantasiefiguren eine grüne Haut geben, lila Haare, ein Fell aus Erbsenschoten - niemand kann einem das Gegenteil beweisen.

Menschenaffe: ja.
Affenmensch: Fehlanzeige

Ein Beispiel vom Auf- und Abstieg des Australopithecus: „Das Urteil der Wissenschaft, vor dem die Welt den Atem anhielt, lautete: Das fehlende Bindeglied ist endlich gefunden" *(Ruth Moore, Menschen, Zeiten, Fossilien 1955)*.

„Ein Vergleich ... ergibt, daß der Schädel der Australopithecinen auffallend dem eines Menschenaffen ähnelt" *(Solly Zuckerman, Edinburgh 1966)*.

So der heutige Stand.

MUTATION UND SELEKTION

Evolution: Höherentwicklung geschieht durch Mutation und Selektion.

Tatsache: Bei *Mutationen* geschieht immer nur eine Vertauschung innerhalb bereits vorhandener DNA-Moleküle. Das führt in 99,9% aller Fälle zu Degenerationen, Mißbildungen und Verkrüppelungen; nur 0,1% wirkt neutral.

Selektion arbeitet immer darauf hin, alle Abweichungen und alles Schwächliche auszumerzen. **Jede unfertige „Übergangsform" fällt daher sofort der Selektion zum Opfer.**

Man hat an über 1000 Generationen der Fruchtfliege **Drosophila** durch Bestrahlung Mutationen hervorgerufen und stets nur Mißbildungen und Verkrüppelungen erhalten: Beine statt Flügel, Flügel statt Beine, Flügel am Kopf usw. Es kam nie etwas Neues hinzu. Alles, was hinzukam, war entstellt; keine Verbesserung, sondern Verschlechterung. Evolutionisten nehmen nun an, daß doch positive Mutationen geschehen könnten - das sei dann der erste Schritt zur Höherentwicklung.

Was geschieht aber in diesen Fällen? Nehmen wir an, ein Reptil würde plötzlich statt Schuppen Federn bekommen. Es wäre weder Reptil noch Vogel. Die Federn wären nur hinderlich, der Schutz der Schuppen fehlte. Etwas so Unangepaßtes würde von der Selektion sofort entfernt.

Bei einer Mutation entsteht nie eine Zunahme von genetischer Information. Damit fällt Mutation als „Evolutionsmotor" grundsätzlich aus. Ohne Mutation hat das Evolutionskonzept **keinerlei Mechanismus** mehr, der eine Höherentwicklung bewirken könnte.

Der australische Agronom **Don Batten** über Mutation: „Eine zufällige Entstehung von neuer funktionaler Komplexität ist so unwahrscheinlich, daß es nie passieren kann, auch nicht in Milliarden Jahren der Evolution. Mutationen erzeugen einen Verlust von Informationen ... nicht eine Zunahme" *(John Ashton, Die Akte Genesis, Schwengeler Berneck 2001, S. 300).*

RESISTENZ

Evolution: Das Auftreten resistenter Insekten, Pflanzen und Bakterien gegen Gifte und Antibiotika ist ein Beweis für evolutionäres Geschehen.

Tatsache: Das Resistenzvermögen einiger Exemplare einer Art gehört zum ursprünglichen Genpool. Einige

Individuen haben eine höhere Gifttoleranz. Bei Gifteinwirkung sterben alle mit einer zu geringen Gifttoleranz ab. Es überleben nur diejenigen, die dem Gift gegenüber am widerstandsfähigsten sind. Sie bilden dann eine neue, resistente Population.

In Wirklichkeit ist diese Population in ihrem Genpool stark verarmt. Es findet keine Höherentwicklung statt, sondern eine **extreme Spezialisierung** und ein **Verlust an Information**. Resistenz ist lediglich Variation innerhalb einer Art („Mikroevolution") und bringt keinen Dauervorteil. Resistente Insekten brauchen längere Entwicklungszeiten oder zusätzliche Nahrungssubstanzen. Fehlen diese, sterben sie aus *(Reinhard Junker/Siegfried Scherer, Evolution - ein kritisches Lehrbuch, Weyel/Gießen 1998, S. 59f)*.

RUDIMENTÄRE ORGANE

Evolution: Wurmfortsatz am Blinddarm, Thymusdrüse, Steißbein, Becken- und Oberschenkelknochen der Wale u.a. zeigen, daß bestimmte Organe sich im Laufe der Evolution „rückgebildet" haben und überflüssig wurden. Sie sprechen gegen göttliche Planung.

Tatsache: Alle diese Organe sind keineswegs „nutzlose Überbleibsel", sondern haben nach wie vor eine Funktion (z.B. als Krankheitsabwehr) und gehören zum „Originalbauplan". Die Becken- und Oberschenkelknochen der Wale dienen als Ansatzpunkte für starke Muskeln, die den Bauchraum schützen.

Wal: Alle Knochen funktional

Noch 1960 fanden sich in Lehrbüchern ca. 200 „verkümmerte" Strukturen und Organe des menschlichen Körpers. Inzwischen werden sie alle als funktional angesehen. So schnell kann sich Wissenschaft ändern.

SELBSTORGANISATION

Evolution: Leben entstand zufällig durch Selbstorganisation der Materie.

Tatsache: Der Informatiker und frühere Leiter der Physikalisch-Technischen Bundesanstalt in Braunschweig, Prof. **Werner Gitt**, wies nach: Es gibt keine Selbstorganisation. Jede Zelle ist durch einen genetischen Code programmiert. Darin sind nicht nur materielle Informationen enthalten (Art, Körperbau, Geschlecht usw.), sondern auch nichtmaterielle (Brut- und Wanderinstinkte, Paarungsverhalten, Schutz- und Tarnreflexe usw.). Eine derartige Programmierung kann nie durch Zufall und „Selbstorganisation" entstehen. Dafür braucht es immer einen „Programmierer", einen „Informationsgeber".

Wenn Evolutionisten derartige Informationen einem **„angeborenen Instinkt"** zuschreiben wollen, vergessen sie die Frage nach dem Ursprung dieser Informationen. Instinkte sind nicht einfach aus heiterem Himmel „angeboren", sondern müssen vorher eincodiert worden sein.

Gitt stellte **10 Naturgesetze über Information** auf, die die Unmöglichkeit einer Zellcodierung und Selbstorganisation per Zufall nachweisen. Sie beruhen nicht auf philosophischen Annahmen, sondern auf beobachtbaren Vorgängen. Er sagt dazu:

„Noch nie konnte in irgendeinem Labor der Welt gezeigt werden, wie ein Codesystem und semantische Information von selbst in der Materie entstehen. Daß dies auch niemals möglich sein wird, sagen die Informationssätze aus. Damit kommt eine rein materialistische Entstehung als Ursache für die Herkunft des Lebens nicht infrage. Die Evolutionslehre ist somit aus naturwissenschaftlichen Gründen unhaltbar geworden - Naturgesetze haben sie widerlegt" *(Werner Gitt, Am Anfang war die Information, Hänssler Holzgerlingen 2002, S. 248).*

Die 10 Naturgesetze über Information schließen Evolution definitiv und absolut aus.

Der französiche Chemiker und Biologe **Louis Pasteur** wies bereits 1862 nach: *„Alles Leben entsteht nur aus Leben und erzeugt ausschließlich die eigene Art".*

Dieses „Gesetz der Lebensentstehung" wurde noch nie durchbrochen und schließt Selbstorganisation und Evolution ebenfalls absolut aus.

SINTFLUT

Evolution: Es hat nie eine Sintflut gegeben, höchstens lokale Überschwemmungen.

Die Sintflut war kein lokales Geschehen

Tatsache: Mindestens die Hälfte der geologischen Zeittafel ist ein klarer Beweis für die Sintflut. Die Hunderte von Metern dicken Erdschichten, die oft zig Quadratkilometer bedecken, finden sich **weltweit**. Sie sind oft kreuzweise geschichtet, was nur bei schnellen, gewaltigen Strömungsgeschwindigkeiten geschehen kann.

Kreationisten setzen für die 350 „Jahrmillionen" vom Kambrium bis zum Perm nur 1 Jahr an - das **Sintflutjahr**. Die überall auf der Welt vorkommenden Fossilien konnten nur unter Katastrophenbedingungen versteinern. Die Dicke der Erdschichten; versteinerte Bäume, die durch mehrere Schichten ragen; die riesigen Kohle- und Erdöllager sprechen deutlich für ein **rasches** Katastrophengeschehen.

Arche noch auf dem Ararat?

SPRACHEN

Evolution: Alle Sprachen haben sich von einigen wenigen Urlauten allmählich höher entwickelt

Tatsache: Es gibt über 5000 Sprachen auf der Erde. Die Sprachen der primitiven Völker sind weitaus komplizierter in Satzbau, Grammatik und Semantik als die modernen „Zivilisationssprachen". Das sieht man schon an den alten Kultursprachen Sanskrit, Chinesisch, Hebräisch, Latein, Griechisch. Genauso schwierig sind oft auch die Sprachen wirklich primitiver Völker wie der Bantus und anderer Stämme Afrikas, der Indianerstämme Südamerikas, der Eskimos, der Eingeborenen in Neuguinea, Australien usw. Die Bedeutung eines Wortes hängt dort oft von der Tonhöhe ab, es gibt mehr Fälle, Verbformen, Laute usw.

Bei den modernen Sprachen wie Deutsch, Englisch usw. wird dagegen ein weitgehender Abschleifungseffekt sichtbar - kein Zeichen von Höherentwicklung („Evolution"), sondern von **Abwärtsentwicklung**.

Pieter Bruegel, Turm von Babel

Eine interessante Bemerkung findet sich in der Bibel: Als die Menschen sich mit dem **Turmbau von Babel** selbst erhöhen wollten, verwirrte Gott ihre bis dahin einheitliche Sprache. Daraufhin verteilten sie sich über die ganze Erde (wie Gott es vorher gefordert hatte). Manche Schöpfungswissenschaftlerer sehen in diesem Ereignis den Beginn der **Rassenentstehung**. Der Gesamt-Genpool der Menschen wurde in verschiedene kleine Genpoole aufgespalten. Aber alle Menschen, gleich welcher Sprache und Herkunft, können miteinander Nachkommen erzeugen. Die einzelnen Rassen sind daher kein Beweis für „Evolution", sondern für Variation.

STAMMBAUM DES LEBENS

Evolution: Der Stammbaum des Lebens zeigt die Evolution der Arten.

Tatsache: Der Stammbaum des Lebens ist ein imaginäres Gebilde, das durch die heute bekannten Fakten nicht bestätigt wird. In den Fossilienfunden fehlt jeder Hnweis auf einen gemeinsamen Stamm. Es finden sich nur Äste und Zweige. Eine Stammbaum-Entwicklung von der Urzelle bis zum Menschen gibt es nicht.

Die Äste stellen dagegen Verwandtschaften innerhalb einer Artengruppe dar. In der Wissenschaft spricht man bei solchen Artengruppen von **„Grundtypen"**. Solche Grundtypen sind z.B. Pferdeartige, Entenartige, Hühnerartige, Katzenartige, Hundeartige usw. (zu den Hundeartigen zählen z.B. Wolf, Fuchs, Schakal, Coyote, Haushund).

Makroevolution – „Stammbaum des Lebens": gibt es nicht

Mikroevolution – Aufspaltung innerhalb der Grundtypen: real

(aus: R. Junker, Wie das Zebra seine Streifen bekam, Wort+Wissen 1999, S. 28)

Man kann die Äste auch als Stammbäume des jeweiligen Grundtyps bezeichnen. Davon gibt es so viele, wie es Grundtypen gibt, denn **jeder Grundtyp hat seinen eigenen Stammbaum**. Aber es gibt keinerlei Fossilienbelege für einen gemeinsamen Vorfahren zweier verschiedener Grundtypen. Nirgends der kleinste Hinweis, daß z.B. Hunde- und Katzenartige auf einen gemeinsamen Vorfahren zurückgehen usw.

Ein gut verständliches Grundtypenmodell stellen die Biologen **Reinhard Junker** und **Siegfried Scherer** in ihrem mit dem „Deutschen Schulbuchpreis 2002" ausgezeichneten Biologiebuch „Evolution - ein kritisches Lehrbuch" vor *(Weyel Gießen, 4. Auflage 1998, S. 28f)*.

Die Grundtypen liegen ungefähr auf der Ebene der biologischen Familien bzw. Gattungen und würden etwa den „geschaffenen Arten" der Bibel entsprechen.

STERNE

Evolution: Die viele Lichtjahre entfernten Sterne beweisen, daß das Universum Milliarden Jahre alt sein muß.

Tatsache: Dieses Argument beruht auf dem Urknall-Modell, das von einem Alter des Universums von 15 Milliarden Jahren ausgeht, aber in sich nicht stimmig ist.

Inzwischen gibt es einige Alternativen zur Urknall-Theorie. Eine davon ist ein neues kosmologisches Modell, das von dem amerikanischen Physiker und Kreationisten **Russel Humphreys** entworfen wurde *(Starlight and Time, Master Books 1994)*. Diese Theorie geht von einem endlichen Universum und der Relativitätstheorie Einsteins aus, die besagt, daß die Schwerkraft die Zeit beeinflußt. So gehen Uhren auf Bergen geringfügig schneller als auf Meereshöhe.

Humphreys vertritt die These, daß sich **die Erde in der Nähe des Zentrums des Universums** befindet und die Zeit hier viel langsamer abläuft als in anderen Teilen des Universums. Das würde (aufgrund wissenschaftlicher Gesetze) u.a. die „Lichtjahre" der Sterne, „Rotverschiebung"

Die Erde im Zentrum des Universums?

und das Ausdehnen des Universums erklären *(Don Batten, Fragen an den Anfang, CLV Bielefeld 2001, S. 98f).*

Diese Theorie befindet sich noch im Stadium der Prüfung, ist aber logischer als die Urknall-Theorie. Sie zeigt, daß die Lichtjahr-Milliarden kein Beweis für Milliarden lange Zeiträume sein müssen.

Der australische Physiker und Kosmologe **John Hartnett** beurteilt Humphreys Kosmologie positiv:

„Die Schwerkraft würde die „Uhren“ auf der Erde weit mehr verlangsamen als Uhren ... am Rand des Universums. Darum würden (gemessen mit Uhren in diesen entfernten Regionen des Alls) „Milliarden von Jahren“ zur Verfügung stehen für Licht, um die Erde zu erreichen, für Sterne, um zu altern usw. - während auf der Erde weniger als ein gewöhnlicher Tag vergeht (gemessen mit Uhren auf der Erde)“ *(Ztschr. Creation 25/4 2003, S. 39).*

Der portugiesische Physiker **Joao Maguelio** von der Berkeley-Universität hat eine Theorie der „veränderlichen Lichtgeschwindigkeit“ aufgestellt. Damit rührt er an einem wissenschaftlichen Tabu - der Lichtgeschwindigkeits-Konstanten. Auch damit wären die Lichtjahr-Milliarden des Sternenlichts hinfällig *(Ztschr. Factum 5/2003, S. 29).*

In der Frage der Lichtjahre ist alles noch im Fluß. Aber die unglaubliche Ordnung des Weltalls und die präzisen Bahnen der Sterne deuten klar auf Programmierung.

Das „Kreuz des Südens“ - Navigationshilfe vom Schöpfer

ÜBERGANGSGLIEDER

<u>**Evolution:**</u> Alles Leben und alle Lebewesen haben sich aus einer Urzelle entwickelt. Aus der einen Art entwickelte sich die nächste und so fort. Aus Amöben wurden Würmer, daraus Fische, dann Lurche, Kriechtiere, Vögel, Säugetiere, der Mensch.

<u>**Tatsache:**</u> Es gibt Millionen von Fossilien, aber es wurde noch nie ein „Übergangsglied“ von einer Art in eine andere gefunden. Alle Tierarten treten sofort fertig auf. Nirgends finden sich „Halbentwickelte“, auch nicht im Experiment und in der Beobachtung. Es gibt nur **„missing links“** - „fehlende Bindeglieder“. Der **Archaeopteryx**, bisher einzig ernsthaft möglicher Übergangskandidat (vom Reptil zum Vogel), hat seinen Übergangsstatus inzwischen verloren und gilt als echter Vogel.

Auch Fossilien des **Quastenflossers**, den man als vor 70 Millionen Jahren ausgestorben ansah, sollten einen Übergang darstellen, nämlich vom Fisch zum Reptil. Inzwischen wurden etliche Exemplare lebend gefangen. Er lebt in der Tiefsee - immer noch Fisch. Evolutionisten stellten daher die Zusatzhypothese auf, daß nur einige der Quastenflosser an Land gegangen seien. Ausgerechnet Tiefseefische? Und warum haben sich die übrigen nicht weiterentwickelt? Zeit genug dafür hatten sie doch.

Unter den Evolutionisten ist über die Art und Weise, wie Evolution vor sich gegangen sein soll, eine Streitfrage entbrannt. Der bekannte englische Evolutionist **Richard Dawkins** tritt für eine langsame, graduelle Entwicklung ein. Jeder „richtige“ Schritt in Richtung einer Evolution (z.B. von Schuppen zu Federn) sei von einer völlig ziellos wirkenden Evolution beibehalten, jeder „falsche“ Schritt fallengelassen worden. Dawkins spricht dabei von einem „blinden Uhrmacher“.

Der Schwachpunkt dieser Konstruktion ist offensichtlich: Woher wußte die blinde „Evolution“, was „richtig“ oder „falsch“ war, und woher wußte sie, was daraus mal werden sollte? Dawkins geist- und ziellose Evolution wußte offenbar das Ziel schon vorher. Der englische Mathematikprofessor **John Lennox** nennt das „einen einzigen Zirkelschluß“ *(John Lennox, Hat die Wissenschaft Gott begraben?, Brockhaus Wuppertal 2003, S. 127)*.

Dawkins Konstruktion macht das grundsätzliche Problem des Evolutionskonzepts deutlich. Eine graduelle Evolution kann nie funktionieren.

Das erkannten seine amerikanischen Kollegen **Stephen Gould** und **Niles Eldredge** und stellten 1977 folgende Hypothese auf: Es habe keine langsame, graduelle, sondern eine schnelle, sprunghafte Evolution gegeben. Sie führten dafür den Ausdruck **„unterbrochenes Gleichgewicht“** ein (punctuated equilibrium). Nach langen Zeiten eines evolutionären Gleichgewichts sei ganz plötzlich in Randgebieten eine sprunghafte Evolution geschehen (aus einem Reptilienei schlüpfte ein Vogel). Weil das so schnell ging und nur in kleinen Randgebieten, seien natürlich keine Fossilien auffindbar. Diese Hypothese wurde als die vom **„hoffnungsvollen Monster“** bekannt. (Dieses Monster müßte zufällig gleich in zweifacher Version entstehen, nämlich als Männlein und Weiblein, sonst wäre alles umsonst.)

Monster mit viel Hoffnung, aber wenig Zukunft

In beiden Fällen sind das abenteuerliche Konstruktionen. Sie machen einmal mehr den völligen Mangel an Beweisen für Makroevolution deutlich. Es läßt sich noch nicht einmal eine schlüssige, rationale Theorie aufstellen.

URKNALL

Evolution: Das Universum entstand zufällig aus dem Nichts durch einen „Urknall".

Tatsache: Der **1. Hauptsatz der Thermodynamik** von der Erhaltung der Energie schließt ein Zufallsuniversum aus: **„Die Summe aller Energie in einem geschlossenen System bleibt stets gleich."** Sie wechselt nur die Form: Materie wird Energie; Energie wird Materie. Energie kann daher weder vernichtet werden noch aus dem Nichts entstehen. Einfacher ausgedrückt: **„Von nichts kommt nichts"** - auch kein „Urknall". Das Universum kann nicht gegen die Naturgesetze entstanden sein.

Bei den Sternen und Planeten sind Materialien, Dichte, Umdrehungsgeschwindigkeit, Umlaufrichtungen usw. total verschieden. Wie soll das alles aus dem gleichen „Urknall" hervorgehen? Eine logische Unmöglichkeit.

Jede Explosion schafft Zerstörung und Chaos. Nur beim „Urknall" soll aus einer Explosion eine wunderbare Ordnung mit einer wunderbaren Feinabstimmung für die Erhaltung von Leben entstanden sein - und auch Kreisbahnen. Das widerspricht allen Naturgesetzen, jeglicher Logik und dem gesunden Menschenverstand. Die Naturgesetze entstehen nirgends per Zufall oder Explosion, sondern erfordern immer einen „Gesetzgeber".

Auch der **2. Hauptsatz der Thermodynamik** vom allgemeinen Zerfall („Entropie"), d.h. der Zunahme der nicht verfügbaren Energie, macht ein Zufallsuniversum eindeutig zu einer wissenschaftlichen Utopie. Der amerikanische Physiker **Don DeYoung** fragt nach dem Ursprung dieser beiden Hauptsätze:

„**Energieerhaltung** impliziert, daß sich das Universum nicht aus sich selber bilden konnte. **Energiezerfall** beinhaltet, daß sich das Universum nicht ewig aufrecht halten kann. Weltliche Wissenschaftler können keine befriedigenden Erklärungen zu solchen Naturgesetzen geben. Diese Prinzipien übersteigen die Möglichkeiten der Naturwissenschaften. Ihr Ursprung ist übernatürlich“ *(John Ashton, Die Akte Genesis, Berneck 2001, S. 270).*

Der amerikanische Professor für Weltraumtechnik **John Cimbala** stellt fest: „Sterne sind heiß und kühlen ab, indem sie Energie im Weltraum verlieren ... Weil Energie sich ständig von *verfügbarer* in *unverfügbare* Energie ändert, muß jemand am Anfang die verfügbare Energie zur Verfügung gestellt haben ... Nur der Schöpfer des 2. Gesetzes der Thermodynamik konnte es durchbrechen und ganz zu Beginn Energie in verfügbarem Zustand schaffen“ *(Die Akte Genesis, Berneck 2001, S. 162).*

Alle Sterne verlieren Energie. Woher kam sie? Vom Urknall? Und woher hatte der sie? - „Am Anfang schuf Gott Himmel und Erde.“

Der englische Astronom **Arthur Eddington**: „Wenn es sich ergibt, daß deine Theorie dem 2. Gesetz der Thermodynamik widerspricht, kann ich dir keine Hoffnung machen. Es gibt nichts weiter, als in tiefster Demut aufzugeben“ *(Scott Huse, The Collapse of Evolution, Baker 2001, S. 113).*

URSUPPE

Evolution: Das Leben entstand per Zufall in einer Ursuppe in einer Uratmosphäre.

Tatsache: Der Biochemiker **Stanley Miller** konnte 1953 in einer Art künstlicher „Uratmosphäre" und „Ursuppe" einige Aminosäuren produzieren. Dieses Ergebnis wird seither in den Schulbüchern als erster Schritt zur Erzeugung von Leben aus unbelebter Materie dargestellt (Abiogenese). Er ist jedoch alles andere als das. Miller hatte absichtlich eine „Uratmosphäre" gewählt, die chemische Reaktionen zuläßt (Ammoniak, Methan, Wasserstoff). Die Erdatmosphäre aus Wasser, Kohlendioxid, Stickstoff und Sauerstoff macht alle solche Reaktionen jedoch unmöglich. Eine Aminosäure ist außerdem noch meilenweit von einer lebendigen Zelle entfernt.

Viele weitere Versuche vieler Wissenschaftler mit verschiedenen „Uratmosphären" erbrachten keine qualitativen Fortschritte. Miller selbst hält sein Experiment keineswegs für einen ersten Schritt zur Entstehung von Leben. Er bezeichnet alle derartigen Thesen als „Unsinn".

Der englische Astronom **Fred Hoyle** und der Mathematiker **Chandra Wickramsinghe** berechneten die Wahrscheinlichkeit für eine spontane Entstehung der 2000 für das Leben notwendigen Enzyme. Sie kamen auf die unvorstellbare Zahl von $1:10^{40000}$. Ihre Schlußfolgerung: Auch wenn das ganze Universum aus Ursuppe bestünde, könnte Leben nicht durch Zufall entstanden sein *(Fred Hoyle/ Ch. Wickramsinghe, Evolution from Space, London 1981)*.

Auch diese Tatsache schließt eine zufällige Entstehung des Lebens und Evolution absolut aus. Sie ist seit mindestens 24 Jahren bekannt, wird aber von der Evolutionsbiologie konsequent ignoriert.

Der australische Genetiker **Michael Denton**: „In der

Weise, wie die Vorlebens-Suppe in vielen Diskussionen ... als feststehende Tatsache angeführt wird, ist es ein Schock, wenn man erkennt, daß es absolut keinen positiven Beweis für ihre Existenz gibt“ *(Michael Denton, Evolution: A Theory in Crisis, Adler & Adler 1986, S. 261).*

URZELLE

Evolution: Alles Leben hat sich aus einer einfachen Urzelle entwickelt.

Tatsache: Es gibt überhaupt keine „einfache“ Zelle. Die Zelle ist eines der kompliziertesten Gebilde überhaupt. Sie ist eine Fabrik im Kleinen, von einer „nichtreduzierbaren Komplexität“. Wenn nur einer ihrer Bausteine ausfällt, bricht ihre gesamte Funktion zusammen. Sie kann sich daher überhaupt nicht entwickelt haben, sondern mußte von Anfang an in allen Bausteinen und Funktionen vollkommen fertig vorhanden sein. Das schafft nicht einmal der schlaueste Zufall.

Der amerikanische Biochemiker **Michael Behe**, der diese Zusammenhänge aufdeckte, äußert dazu: "Immer, wenn wir ein interaktives System im Alltag betrachten - z.B. eine Mausefalle -, gehen wir davon aus, daß es ein Produkt intelligenter Aktivität ist. Wir sollten dies vernünftigerweise auch bei zellulären Systemen tun. Wir kennen keinen anderen Mechanismus - den Darwinismus eingeschlossen -, der eine solche Komplexität zustande brächte. Nur Intelligenz ist dazu in der Lage." *(Michael Behe, Darwin's Black Box, Free Press New York 1996).*

In einem Interview mit Lee Strobel schildert Prof. **Walter Bradley**, Autor des Buches „The Mystery of Life's Origin“, die Schwierigkeiten, eine lebende Zelle herzustellen *(Lee Strobel, Glaube im Kreuzverhör, Gerth Aßlar 2001, S. 122f).*

Es erfordert folgendes:

- es müssen unter den 80 existierenden Aminosäuren die genau 20 richtigen ausgewählt werden
- unter diesen wiederum nur die linkshändigen, keine rechtshändigen
- es müssen sich 100 dieser linkshändigen Aminosäuren in genau der richtigen Folge aneinanderereihen, um ein einziges Eiweißmolekül zu bilden
- es müssen sich dann ca. 200 Eiweißmoleküle mit genau den richtigen Funktionen miteinander verbinden
- es müssen die beiden Schlüssel-Nukleinsäuren DNA und RNA vorhanden sein, in denen alles eincodiert ist und die alle diese Prozesse steuern
- nur wenn dies alles gegeben ist und 100%ig korrekt geschieht, entsteht eine lebende Zelle.

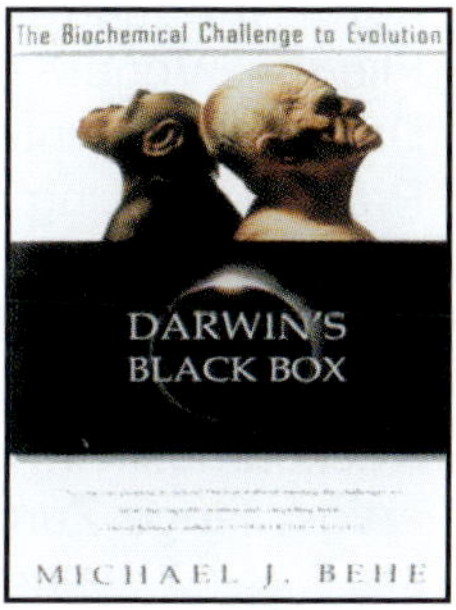

Darwins Black Box - DIE ZELLE. An ihr scheitert das Evolutionskonzept

Für dieses unvorstellbar komplizierte Geschehen führen die Evolutionisten den Zufall an.

Der Geophysiker **John Baumgardner** berechnete die Wahrscheinlichkeit für die zufällige Entstehung eines einzigen Proteins und kam auf 10^{130} Versuche. „Kein Zufallsprozeß kann je genügen, um auch nur eine einzige solche Proteinstruktur zu finden, geschweige denn den vollen Satz von 1000, die man für die einfachste Lebensform benötigt“ *(Die Akte Genesis, Berneck 2001, S. 179).*

Mit anderen Worten: Die Wahrscheinlichkeit, daß eine lebende Zelle per Zufall von selbst entsteht, ist ganz blank **Null**. Wenn aber eine **Zelle** nicht durch Zufall entstehen kann, kann überhaupt kein Leben durch Zufall entstehen, denn jedes Lebewesen besteht aus Zellen.

Schon diese eine Tatsache allein schließt eine zufällige Entstehung des Lebens plus nachfolgender Evolution ein für allemal aus.

ZWECKMÄSSIGKEIT

Evolution: Alle zweckvollen, zielorientierten Funktionen und Symbiosen im Tierreich sind per Zufall, Selektion und Mutation entstanden.

Tatsache: Viele zweckmäßige Funktionen funktionieren nur im Bündel mehrerer aufeinander abgestimmter Einzelfunktionen. Dafür kann kein Zufall aufkommen.

- Die hochkomplizierten **Bestäubungsmechanismen** vieler Blütenpflanzen konnten nur in präziser und gleichzeitiger Abstimmung mit Bienen, Hummeln, Faltern, Fliegen, Vögeln erfolgen. Das ist nur per intelligenter Programmierung möglich.

- Der **Specht** weist 7 Höchstspezialisierungen auf, die nur im Gesamtset funktionieren: Meißelschnabel, starke Nackenmuskeln, Stützschwanz, Kletterkrallen, eine einzigartige, lange Zunge mit Widerhaken bzw. Klebespeichel, einen genialen Stoßdämpfer im Schädel und schließlich den passenden Verhaltensinstinkt dazu. Diese Spezialausrüstung konnte er nie „entwickeln“, denn sie ist **nur im Gesamtset hilfreich** (d.h. von „nichtreduzierbarer Komplexität“). Außerdem gab es keinen „Selektionsdruck“ dafür, denn er hätte seine Nahrung genauso wie z.B. Amseln im Laub finden können *(Wolfgang Kuhn, Stolpersteine des Darwinismus I, Berneck 1984)*.

- Bei den **Libellen** legt das Männchen seine Samen in eine Tasche an seiner Brust, aus der sie das Weibchen dann mit dem Hinterleib herausholen muß - eine entwicklungsmäßige Unmöglichkeit. Wenn das Weibchen nicht „gewußt“ hätte, wo die Samen zu finden sind, wären

Libellen längst ausgestorben. Mit „Evolution“ unerklärbar; die normale Direktübertragung ist weitaus sicherer *(W. Kuhn 1984)*

(Gott sei Dank war die „Evolution“ genial genug, überhaupt zwei Geschlechter entstehen zu lassen, sogar millionenmal, sonst wären wir nicht hier).

- Die Gallen der **Gallwespe** werden vom befallenen Baum auf Kosten seiner eigenen Gesundheit ernährt. Eine solche *fremddienliche, selbstschädigende Verhaltensweise* darf es gemäß “Evolution” gar nicht geben. Sie ist das Gegenteil von Selektion! *(W. Kuhn 1984)*

- **Mimikry** (Nachahmung): Viele wehrlose Tiere ahmen das Aussehen wehrhafter nach, um deren Schutzwirkung zu erlangen. Hornissenschwärmer ahmen Hornissen nach, Schwebefliegen Wespen, wohlschmeckende Schmetterlinge ungenießbare usw. Die nachgeahmten Schutztrachten sind in den Zeichnungen und Farben unglaublich präzise. Sie wurden nicht „per Evolution in kleinen Schritten erworben“, sondern sind von Anfang an in den Genen gespeichert und werden vererbt.

Abschreckendes „Eulengesicht“ eines Nachtfalters

Ein eindrucksvolles Beispiel hierfür sind die „Eulengesichter“ oder „Schlangenköpfe“ auf Schmetterlingsflügeln. Sie werden durch Tausende von winzigen Einzelschuppen gebildet. Wieso haben sich diese Schuppen gerade als „Feindschema“ angeordnet? Durch Zufall ist diese Codierung in keiner Weise erklärbar! Sie läßt sich nur durch gezielte Planung erklären.

- Die **Flugfähigkeit** der Vögel ist ein überzeugendes Beispiel von nichtreduzierbarer Komplexität. Der Vogel benötigt Federn, die extrem leicht, aber trotzdem äußerst stabil sein müssen. Ebenso hohle, leichte Knochen; Öl, das die Federn schmiert, eine Bürzeldrüse, die das Öl produziert, einen Schwanz als Steuer, eine Speziallunge, um im Flug atmen zu können, und Spezialgelenke für den Flügelschlag. Alles muß von Anfang an vorhanden sein.

Der englische Mathematiker **Andrew McIntosh** beschreibt diese Erfordernissse im einzelnen und schließt: „In der Liste der Mechanismen ist jeder einzelne unverzichtbar. Wenn einer davon fehlt, fällt das ganze Projekt! ... Alles muß zum vornherein programmiert sein“ *(John Ashton, Die Akte Genesis, Schwengeler Berneck 2001, S. 132)*.

Auch hiermit scheint die Evolution total überfordert. Dies um so mehr, als sich Flügel viermal per Zufall entwickelt haben müßten - bei Vögeln, Fledermäusen, Sauriern und Insekten. Außerdem aus ganz verschiedenen Materialien wie Federn, Häuten, Schuppen, Membranen.

Die Unlogik des Evolutionskonzepts wird immer wieder sichtbar, kommt aber gegen Vorurteile nicht an. Der Kasseler Biologe und Neodarwinist **Ulrich Kutschera** führt u.a. folgendes Argument gegen eine planvolle Schöpfung ins Feld: „Der perfekt erschaffene Mensch würde keine Bandscheibenprobleme bekommen und nicht an Krebs sterben; die Dinosaurier wären nicht ausgestorben *(Sechs Fragen an Ulrich Kutschera, Factum1/2003, S.34)*.

Kutschera übersieht dabei - wie es Evolutionisten häufig tun - die universelle Wirksamkeit des 2. Thermodynamischen Gesetzes vom Zerfall aller Ordnung. Dieses Gesetz bestätigt die biblische Aussage, daß wir in einer unheilen, „gefallenen“ Schöpfung leben, in der **nichts mehr perfekt**, sondern alles vergänglich ist. Kutschera ist bekannt für seinen religiösen Eifer (der schon an Zensur erinnert), mit dem er das Evolutionskonzept vor jeder Kritik abschirmen will.

Wir halten fest: Die **zweckdienlichen Mechanismen** in der Natur sind derart komplex und präzise aufeinander abgestimmt, daß sie nicht per Zufall entstanden sein können.

Auch sie schließen Evolution absolut aus.

Stimmen der Wissenschaftler

In unseren Köpfen ist Evolution heute eine feste Größe - **aber nicht in der Realität**. Von den Fakten her gesehen ist das Evolutionsmodell inzwischen überholt.

Auch der Marxismus war einst eine feste Größe. Auch er konnte sich lange Zeit halten, bis er schließlich von der Realität eingeholt und auf den Müllplatz der Geschichte befördert wurde. Tragisch ist nur, daß an solchen mörderischen Systemen wie Marxismus, Kommunismus, Rassismus, Nationalsozialismus (alle vom Evolutionsgedanken geprägt) zwischenzeitlich Millionen zugrundegehen.

Der **Darwinismus** wirkt sogar auf zweierlei Weise lebenszerstörend: Einmal direkt, weil er den menschenverachtenden Ideologien ein wissenschaftliches Alibi verschafft, zum anderen indirekt, weil er die Menschen blind macht für eine höhere Dimension. Damit wird er für viele der Wegbereiter in eine trostlose ewige Zukunft.

Der Atheist **August Bebel** sagte einmal: „Wenn die Bibel recht hat, sind wir die Lackierten." Das ist bitter wahr, auch wenn dies niemand wünscht.

Der Biochemiker Duane Gish stellte folgende Gleichung auf:

Frosch + kurzer Augenblick = Prinz ▸▸ MÄRCHEN

Frosch + 300 Millionen Jahre = Prinz ▸▸ WISSENSCHAFT

Der Evolutionist **Arthur Keith** ist ganz ehrlich: „Die Evolution ist unbeweisbar. Wir glauben aber daran, weil die einzige Alternative dazu der Schöpfungsakt eines Gottes ist, und das ist undenkbar." Er erkennt genau, daß es nur eine Alternative gibt.

Auch der Biologe und Evolutionist **Richard Lewontin** stellt ehrlich fest: „Wir haben eine erste Hingabe, eine Hingabe an den Materialismus. Materialismus ist absolut, denn wir können keinen göttlichen Fuß in der Tür zulassen“ *(Richard Lewontin, The New York Review of Books, 9. 1.1997).*

Dazu der Informatiker Prof. **Werner Gitt**: "Jeder Progammierer an Datenverarbeitungsanlagen weiß, daß zur Erstellung eines Programms Intelligenz nötig ist ... Wo immer wir Codierung, Ordnung und Plan beobachten, da wissen wir aus übereinstimmender Erfahrung, daß irgendwo Intelligenz am Werk gewesen sein muß ... Es gibt keine Information durch Zufall".

Bruno Vollmert, em. Professor für Makromol. Chemie in Karlsruhe, urteilt anhand seiner Forschungsergebnisse: „Eine Entstehung des Lebens durch Mutation und Selektion hat es nicht gegeben und wird es nicht geben“ *(Bruno Vollmert, Molekül und Leben, Rowohlt, Hamburg 1984).*

Einen sehr ausgewogenen Standpunkt nimmt der bekannte Zoologe **Pierre Grassé** vom Institut für Evolutionsforschung der Uni Paris ein: "Es ist heute unsere Pflicht, den Mythos der Evolution zu zerstören ... Biologen müssen ermutigt werden, über die Schwächen und Mutmaßungen, die Theoretiker aufstellen oder als etablierte Wahrheiten erklären, nachzudenken. Der Betrug ist manchmal unbewußt, aber nicht immer, weil einige Leute wegen ihres Dogmatismus absichtlich die Realitäten übergehen und sich weigern, die Ungreimtheiten und Irrtümer ihres Glaubens zuzugeben" *(L‘evolution du vivant, Albin Michel Paris 1973).*

Dem Evolutionisten **M.T. Gishelin** sind die Schwächen des Evolutionskonzepts bewußt: "Es ist tatsächlich so, daß viele Arbeiten über die Stammesgeschichte (Phylogenie) sich eher wie Märchenbücher denn als Wissenschaft lesen“ *(The American Biology Teacher).*

Auch der Entomologe und Evolutionist **Dr. Thompson** drückt sich sehr objektiv aus: "Es ist in der Wissenschaft ... unerwünscht, daß man zur Verteidigung einer Lehre bereit ist, die man nicht wissenschaftlich definieren, geschweige denn mit wissenschaftlicher Exaktheit beweisen kann, deren Glaubwürdigkeit man aber in der Öffentlichkeit durch die Unterdrückung von Kritik und Leugnen der vielen Schwierigkeiten zu erhalten sucht" *(Vorwort zur Neuausgabe von Darwins "Origin of the Species" 1960).*

Sehr ehrlich gibt auch **Stephen J. Gould**, Evolutionist und Paläontologe, zu: "Die außergewöhnliche Seltenheit von Übergangsformen im Fossilienbericht bleibt das Geschäftsgeheimnis der Paläontologie. Die evolutionären Bäume, die unsere Lehrbücher zieren, haben nur Daten an den Zweigspitzen und den Knoten ihrer Äste. Der Rest ist Schlußfolgerung - verstandesgemäß, nicht durch Fossilienbeweis" *(Evolutions Erratic Pace, Natural History, Mai 1977).*

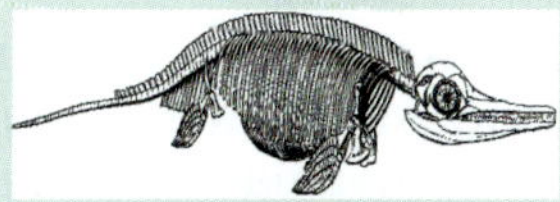

Nirgends Umwandlung

Von Dr. **Etheridge**, dem Paläontologen des Britischen Museums, stammt folgende Aussage: „Neun Zehntel der Äußerungen von Evolutionisten sind reiner Unsinn, nicht gegründet auf Beobachtung und ohne jede Unterstützung durch Fakten. Das Museum ist voll von Beweisen für die gänzliche Falschheit ihrer Ansichten ... es gibt nicht das kleinste Beweisstück für die Umwandlung von Arten" *(Scott Huse, The Collapse of Evolution, Baker 2001, S. 158).*

Radikal und unmißverständlich äußert sich der Biochemiker **Michael Behe** von der Lehigh Universität Pennsylvania: „Wenn wir Darwins Tests auf die ultrakomplexe Welt der molekularen Mechanismen und Systeme anwenden, die in den vergangenen 40 Jahren entdeckt wurden, können wir sagen, daß Darwins Theorie völlig zusammengebrochen ist" *(World, Feb. 2000).*

Der Immunologist und Evolutionist **Scott Todd** von der Kansas State Universität stellt sich dagegen fest auf das evolutionistische Fundament: „Selbst wenn alle Daten auf einen intelligenten Designer weisen, ist eine solche Hypothese aus der Wissenschaft ausgeschlossen, weil sie nicht naturalistisch ist" *(World, Feb. 2000).*

Der französische Philosoph **Jaques Monod** erkennt genau die Unwahrscheinlichkeit von Evolution, ist aber gefangen im atheistischen Denken: „Es ist **absurd und absolut unsinnig** zu glauben, daß eine lebende Zelle von selbst entsteht; aber dennoch glaube ich es, denn ich kann es mir nicht anders vorstellen" *(Zufall und Notwendigkeit, dtv 1977).*

Der Informatiker **Werner Gitt** lehnt jedes wissenschaftliche Spekulieren ab: "Die Evolutionslehre wurde in einer Zeit aufgestellt, als moderne naturwissenschaftliche Erkenntnisse aus den Bereichen Informatik, Molekularbiologie, Genetik, Physik, Molekularchemie, Ontogenese u.a. noch gar nicht vorlagen. Aus der Sicht dieser Fachgebiete ist die **Evolutionslehre nicht mehr haltbar**. Wir haben dieses Gedankengebäude angesichts des heute vorliegenden Faktenmaterials völlig zu verwerfen" *(Werner Gitt, Das biblische Zeugnis der Schöpfung, Hänssler 1993, S. 139).*

Der australische Genetiker und Evolutionist **Michael Denton** zu den Folgen des Evolutionskonzepts: „Die sozialen und politischen Strömungen, die die Welt in den letzten 80 Jahren überflutet haben, wären ohne seine intellektuelle Billigung unmöglich gewesen. Der Einfluß der Evolutionstheorie ... ist eines der spektakulärsten Beispiele der Geschichte, wie eine höchst spekulative Idee, für die es keinen klaren wissenschaftlichen Beweis gibt, **das Denken einer ganzen Gesellschaft formen ... konnte** ... Man hätte erwarten können, daß eine Theorie ..., die buchstäblich die Welt verändert hat, etwas mehr sein sollte als nur Metaphysik, nur ein Mythos" *(Michael Denton, Evolution: A Theory in Crisis, Adler &Adler 1986, S. 358).*

Sehr kurz und bündig urteilt der Wiener Informatikprofessor **Locker**: "Die Evolutionstheorie is' a Schmarrn."

Manche gutmeinenden Gläubigen wollen einfach Bibel und Evolution „harmonisieren“: „Gott schuf durch Evolution“. Doch hierbei gibt es unüberwindliche Widersprüche. Am Ende der Schöpfung heißt es: *„Und Gott sah an alles, was er gemacht hatte, und siehe, es war sehr gut“ (1. Mose 1, 31).* Gefressenwerden, Tod, Parasiten, Krankheiten, Überleben auf Kosten des Schwächeren ist nicht „sehr gut“, sondern grausam. Die Bibel sagt, daß Tod, Leid, Krankheiten erst mit dem Sündenfall in die Welt kamen. Das schließt ein davorliegendes, millionenlanges mörderisches „Aufwärtsentwickeln“ aus. Eine Harmonisierung ist nicht möglich.

Wunder im Tier- und Pflanzenreich

Schon ein Blick in die Natur um uns könnte uns von jeglicher Evolutionsgläubigkeit heilen. *Wir sind umgeben von Wundern.* Jedes Lebewesen, jeder Käfer, jeder Baum, jedes Blatt ist ein Wunder.

Die **Fledermaus** benutzt Radar, um im Dunkeln zu fliegen. Die Pflanzen benutzen **Photosynthese**, um Nährstoffe zu produzieren. Der **Bombardierkäfer** ist in der Lage, zur Abwehr seiner Feinde ein explosives Gemisch herzustellen. Ein australischer **Frosch** brütet seine Jungen im Magen aus. Es gibt Tiere, die in der tiefsten Tiefsee, in wasserlosen Wüsten, in der eisigsten Antarktis überleben. Das **Pinguinmännchen** brütet ein einziges Ei im eisigen Polarwinter zwischen seinen Füßen aus, wobei es zwei Monate keinerlei Nahrung zu sich nimmt. All dies deutet auf nichts anderes als Codierung und Programmierung.

Glühwürmchen können Leuchtstoff produzieren. Die **Spinne** spinnt Fäden, die in Relation zu ihrem Umfang haltbarer sind als jedes von Menschen produzierte Material. War es purer Zufall, daß sie anfing zu spinnen? Wie kam

sie auf diese Idee? Woher hatte sie die Fähigkeit? Hat sich das über Jahrmillionen entwickelt? All dies ist nur mit größter Glaubensanstrengung vorstellbar. Solchen Glaubensanstrengungen begegnet der Evolutionist auf Schritt und Tritt - überall, wo Natur und Leben ist.

Schmetterlinge können Duftstoffe eines Weibchens auf Kilometer hin wahrnehmen. Sie sind von verschwenderischer Schönheit, obwohl diese Schönheit sie auffällig macht und ihr Überleben gefährdet. **Kommt Schönheit von Evolution?** **Lachse** kehren aus den Ozeanen am Ende ihres Lebens präzise in ihre Geburtsflüsse zurück, um dort zu laichen. **Aale** kehren zum Laichen aus den Flüssen ins Sargassomeer im Atlantik zurück. Wozu dieser Aufwand? Aus der Sicht von Evolution besteht dafür keinerlei Notwendigkeit. Wie soll sich das „entwickelt" haben?

Libellen können in der Luft stillstehen, **Kolibris** rückwärts fliegen. Die Zugvögel wissen mit schlafwandlerischer Sicherheit ihre Flugbahnen ins Winterquartier. Sie haben einen eingebauten Kompaß. Junge **Goldregenpfeifer** fliegen ohne die Altvögel (die schon drei Wochen vorher aufbrechen) *3 1/2 Tage ununterbrochen nonstop* 4500 km von Alaska zu ihrem Winterquartier auf Hawaii, obwohl sie noch nie dort gewesen sind. Woher wissen sie, daß es dort eine Inselgruppe mitten im Pazifik gibt? **Brieftauben** kehren aus 1000 km Entfernung sicher in ihren Schlag zurück.

Alle Vögel wissen, ohne es je zu lernen, wie sie ihre Nester zu bauen haben. Das ist oft höchste Kunstfertigkeit: Der **Schneidervogel** näht sich ein Nest aus großen Blättern, die **Beutelmeise** knüpft sich ein Hängenest aus Pflanzenfasern, **Weberögel** weben Hängenester aus Gräsern.

Auch **Wespen** bauen aus selbstgefertigtem Papier ein äußerst kunstvolles Nest. Die **Tierstaaten** der Ameisen, Bienen und Termiten sind ein einziges Wunder. Einige Insekten, Fische und Bäume produzieren ein Frostschutzmittel. Die Frühlingsblume **Aronstab** ist in der Lage, in ihrem Blütenkolben eine bis zu 17 Grad höhere Temperatur zu erzeugen, um Insekten zur Bestäubung anzulocken. **Fliegen** und **Geckos** können an der Decke laufen. Der **Zitteraal** kann starke elektische Schläge austeilen. **Delphine** benutzen ein hochsensibles Sonarsystem.

Raupe - Puppe - Schmetterling

Völlig unzureichend ist die Zufallserklärung auch für die **Metamorphose:** Ist die Umwandlung einer Raupe zum Schmetterling, einer Made zur Fliege, einer Larve zum Käfer Folge einer rein zufälligen „Entwicklung"? Einen so treuherzigen Glauben bringen wohl nur wenige auf. Alle vier Stadien: Ei - Larve - Puppe - Insekt sind bereits in der DNA gespeichert.

Wie ist es bei der **Fortpflanzung:** Entstehen dabei rein zufällig aus Eiern Vögel, aus Keimzellen Lebewesen, aus Samen Pflanzen? Das zu glauben ist weit schwieriger als der Glaube an einen Schöpfer. In allen Fällen liegt Codierung durch höchste Intelligenz vor. Das Leben und alle Umwandlungen sind von Anfang an in der DNA eincodiert. Jedes Lebewesen pflanzt sich daher immer nur „nach seiner Art" fort - exakt wie im 1. Kapitel der Bibel ausgesagt.

Alle Daten der größten Pflanze der Erde, des **Mammutbaumes**, sind in einem winzig kleinen Samen vorprogrammiert. Mammutbäume werden über 100 m hoch, mit einem

Stammdurchmesser von über 10 m. Dank ihrer dicken Rinde sind sie praktisch krankheits- und feuerresistent. Die Jahresringe lassen sich auf über 3500 Jahre zurückverfolgen - gemäß Bibelchronologie bald nach der Sintflut. Wiederum ein erstaunlicher Zufall, der möglicherweise gar keiner ist.

Keine Schraube entwickelt sich von selbst; kein Computer entsteht durch eine Serie von Zufällen. Das **menschliche Gehirn** ist millionenfach komplizierter als ein Computer. Seine Entstehungsweise laut Evolution: von selbst, per Zufall.

Mammutbaum: Gigant der Schöpfung, gehört zu den ältesten Bäumen der Erde

Jeder Körper mit seinen Funktionen ist unvorstellbar kompliziert. Auge, Ohr, Blutkreislauf, Blutgerinnung, Organe, Zellen, Gene, Drüsensystem, Hormonsteuerung, Stoffwechsel sind einzigartige Wunder. All dies sind, wie der Biochemiker **Michael Behe** es formuliert, „nichtreduzierbare komplexe Systeme". Entfernt man nur ein einziges Teil daraus, ist das Ganze nicht mehr funktionsfähig. Derartige Systeme können sich nie „entwickeln", denn alle Teile sind von Anfang aufeinander abgestimmt.

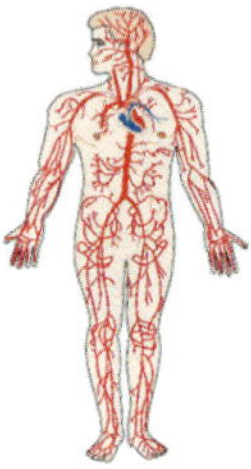

Gerechtigkeitsempfinden, Gewissen, Wertempfinden, Ethik sind nur dem Menschen eigene Werte, die ohne einen übergeordneten „Wertegeber" keinen Sinn machen. Sie würden ohne eine maßgebende ethische Instanz einfach im Raum schweben. **Hat die Evolution ein Gewissen?** Die einzige Ethik des Evolutionkonzepts ist mörderisch: „Der Stärkere hat recht und der Schwächere wird vernichtet." Für Gerechtigkeitsempfinden, Gewissen, Mitleid, Barmherzigkeit, Schönheitsempfinden ist da kein Platz.

All dies paßt jedoch sehr gut zu der Aussage der Bibel, daß der Mensch „im Ebenbild Gottes" erschaffen wurde.

"Fünf Milliarden Jahre sind viel zu kurz, um die Mannigfaltigkeit der so wunderbar angepaßten Tier- und Pflanzenwelt zu erklären."

Niels Bohr, Atomphysiker und Nobelpreisträger

Zurück zu den Tatsachen

Es gibt nirgendwo eine erkennbare „Entwicklung neuer Arten" - weder in der Wissenschaft noch im Experiment noch in der Beobachtung. **Noch nie konnte der Nachweis erbracht werden, daß sich etwas aus nichts von selbst entwickelt hat.**

Ganz offensichtlich blenden wir Tatsachen aus, die uns auf den Boden der Realität zurückbringen würden. Aus irgendwelchen Gründen wollen wir zwingende, begründete, überprüfbare wissenschaftliche Beweise gegen Evolution nicht wahrnehmen. Und das, obwohl inzwischen mindestens **sieben wissenschaftliche Tatsachen** bekannt sind, die eine Makroevolution absolut ausschließen:

- es gibt nirgends eine **Selbstorganisation**, alles ist programmiert
- die **Doppelhelix der DNA** kann sich auch in 15 Milliarden Jahren nicht per Zufall entwickelt haben
- das gleiche gilt für **Enzyme**, **Moleküle**, Kettenmoleküle und Proteine
- gemäß dem **1. Hauptsatz der Thermodynamik** von der Erhaltung der Energie kann ein Universum nicht von selbst aus nichts entstehen
- gemäß dem **2. Hauptsatz der Thermodynamik** gibt es in einem sich selbst überlassenem System nie eine Aufwärtsentwicklung, sondern immer nur Abwärtsentwicklung und Vereinfachung

- Louis Pasteur wies nach, daß **Leben** nur aus Leben hervorgehen kann
- für die **Symbiosen, Metamorphosen**, High Tech-Fähigkeiten, gegenseitigen Abhängigkeiten, Fortpflanzungs- und Überlebensmechanismen im Tier- und Pflanzenreich ist eine Zufallsentstehung unmöglich

All dies sind wissenschaftliche Tatsachen, die eine Makroevolution grundsätzlich ausschließen. Wir müssen uns gar nicht auf ungeklärte und vielleicht nie zu klärende Fragen wie Alter des Universums, Datierungsmethoden, Lichtjahrentfernungen der Sterne, Stammbäume usw. einlassen. Hinzu kommt noch, daß nirgends **Übergangsglieder** auffindbar sind. Ebenso können **Mutationen** nie eine neue genetische Information hervorbringen.

Allein schon die Doppelhelix der DNA/RNA schließt eine Zufallsentstehung per Evolution definitiv aus. Schon diese eine Tatsache reicht aus, um „Evolution" ein für allemal aus unseren Köpfen zu entfernen. Aus wissenschaftlicher Sicht kann es eine Zufallsentstehung des Universums und des Lebens nicht gegeben haben. Die Daten und Fakten sprechen unübersehbar dagegen.

Trotzdem glauben wir in der westlichen Welt fest und unerschütterlich an „Evolution". Geschieht das aufgrund unserer hohen Intelligenz? Oder hat sich da ein blinder Fleck eingeschlichen, den wir gar nicht mehr wahrnehmen? Stecken wir einfach den Kopf in den Sand?

Warum fällt es Evolutionswissenschaftlern so schwer, die Fakten anzuerkennen und ihr Konzept zu verlassen? Natürlich ist es schwierig, etwas, das man jahrzehntelang als richtig vertreten hat, plötzlich als unrichtig einzugestehen. Davor schrecken sowohl Wissenschaftler als auch wissenschaftliche Journale und Biologiebuchautoren zurück. Ihr wissenschaftlicher Ruf würde leiden. Aber würde er das wirklich? Besser ein radikales, ehrliches Umdenken, als ein Verschleppen der Wahrheit ohne Ende. Es ist keineswegs unehrenhaft, einen Irrtum einzugestehen. Zahlreiche Wissenschaftler haben diesen Schritt bereits vollzogen. Auf Dauer ist es sinnlos und frustrierend, sein Leben in eine Fata Morgana zu investieren.

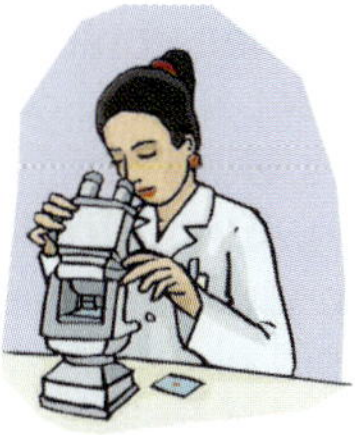

Wenn der Mensch heute mit **Genen** und **Stammzellen** „Neues" schafft, ist dies kein Beweis für Evolution. Er benutzt immer nur Stoffe, die schon Leben enthalten. Er kann keinen toten Stoff zu Leben erwecken. Er kann noch nicht einmal verhindern, daß ein lebender Stoff irgendwann stirbt. Er kann kein Leben aus Leblosem produzieren. Er braucht immer eine bereits lebendige Ausgangssubstanz.

Mit anderen Worten: Der Mensch ist kein Schöpfer, der aus nichts etwas Lebendiges schaffen kann. Er ist nur ein Geschöpf, das nicht einmal in der Lage ist, sein eigenes Leben festzuhalten. Weder Mensch noch „Evolution" noch „Natur" besitzen die Fähigkeit, Leben aus toter Materie zu schaffen.

Im Römerbrief der Bibel heißt es: *„Denn Gottes unsichtbares Wesen, das ist seine ewige Kraft und Gottheit, wird seit der Schöpfung der Welt ersehen aus seinen Werken, wenn man sie wahrnimmt, so daß sie keine Entschuldigung haben" (Römer 1, 20).*

Das ist nichts anderes als eine göttliche Aufforderung, unseren gesunden Menschenverstand einzusetzen. Wenn wir wollten, könnten wir ganz einfach, **logisch und rational** von der Schöpfung auf einen Schöpfer schließen - vorausgesetzt, daß wir nicht die Augen vor dessen Werken zumachen.

Im Lehrbuch **„Evolutionsbiologie"** von **Storch, Welsch, Wink** schreiben diese den Schöpfungsgläubigen eine „extrem intolerante Aggressivität" zu. Diese würden „Darwin, die Juden und den Kapitalismus in einen Topf werfen (???)

... der Kreationismus ist daher wie alle anderen intoleranten Dogmen, Parteiprogramme, Manifeste usw. eine Bedrohung der Freiheit des Menschen in jeder Form ..." *(Storch, Welsch und Wink, Evolutionsbiologie, Berlin 2001, S. 350).*

Das sind seltsam anmutende Sätze über merkwürdige Ängste. Welche Art von Freiheit sehen die Autoren durch die Schöpfungswissenschaft bedroht? Die Freiheit von der Autorität Gottes? Diese Furcht wäre unbegründet, denn Gott beläßt uns unsere Freiheit. Er will immer das Gute - nicht nur für Christen, sondern auch für **Atheisten, Evolutionisten und Andersgläubige.** Aber an diesem Guten erhalten wir erst dann vollen Anteil, wenn wir unser Leben unter seine Autorität stellen. Auch dies geschieht nur freiwillig. Christen sind laut Bergpredigt gehalten, ihren Glauben nie mit Gewalt, Zwang, Druck oder gar Terror weiterzugeben. Gott respektiert immer unsere Freiheit.

Aus den obigen Sätzen spricht wohl eher die Furcht, daß das Evolutionskonzept falsch sein könnte. Diese Furcht ist allerdings begründet. Dann käme sehr wohl die Frage der menschlichen Autonomie und einer übergeordneten Autorität ins Spiel. Darum geht es im nächsten Kapitel.

Das wichtigste Kapitel dieses Buches

Existiert Gott überhaupt? An dieser Frage entscheiden sich **Sinn** oder **Sinnlosigkeit** unseres Lebens. Die Evolution kann nur Sinnlosigkeit anbieten. Doch wenn Gott existiert, hat unser Leben einen echten und bleibenden Sinn.

Um diese Frage zu beantworten, eine kurze Zusammenfassung: Die Fakten schliessen eine Entstehung des Universums „per Zufall aus dem Nichts“ aus. Das Weltall kann nicht aus „ewiger Materie“ bestehen, denn es hatte einen Anfang und hat also auch ein Ende. Leben entsteht nirgendwo aus dem Nichts. Diese naturwissenschaftlichen Tatsachen sind die Grundlage von Physik, Chemie und Biologie.

Monument vom Mt. Rushmore, Dakota. Kein wunderbares Zufallsprodukt der Evolution, sondern Schöpfungswerk eines Künstlers

Es gibt nur eine Alternative zum Zufallskonzept der Evolution: **eine schöpferische Instanz**, die über Raum und Zeit hinausgeht. Vom Kleinsten bis zum Größten, vom Universum bis zum Atom ist alles geordnet, codiert, programmiert. Wir sehen überall Planung, Ordnung, Zweckmäßigkeit - d.h. „intelligentes Design“. Also muß es einen **Designer**, Ordnungsgeber, Codierer, Programmierer geben. Auch Leben entsteht nirgendwo aus dem Nichts. Also muß es einen **Lebensgeber** geben.

Wenn im Evolutionskonzept ein solcher Urheber für das Leben absolut ausgeschlossen wird, ist das irrational. Es führt in eine wissenschaftliche Sackgasse. Beim heutigen wissenschaftlichen Kenntnisstand ist ein Informationsgeber, Konstrukteur, Architekt, Lebensgeber eine sachliche Notwendigkeit.

Diesen Urheber nennen wir gewöhnlich **„Gott“**. Welcher Gott kommt dafür in Frage? Manitu, Wotan, Jupiter, Krishna,

Wishnu, Buddha, Allah? Mit größter Wahrscheinlichkeit nicht. Manche möchten Allah mit dem biblischen Gott gleichsetzen. Auch das ist nicht möglich, denn Allah, wie er im Islam verstanden wird, ist ein unnahbarer, willkürlicher Gott, nicht der Gott der Bibel. Vor allem: Im Koran und anderen heiligen Büchern wie Bhagavadgita, Veden und in allen Göttersagen aller Religionen gibt es keine wissenschaftlich nachprüfbaren Daten. Man kann ihre Aussagen nur glauben, aber nicht prüfen. Es ist nur blinder Glaube möglich.

Nachprüfbare Daten enthält allein die Bibel. Es sind ihre naturwissenschaftlichen, historischen, geografischen und prophetischen Aussagen. Diese sind durchweg korrekt und werden von der Archäologie und Geschichtsschreibung bestätigt. Wenn bisher etwas korrigiert werden mußte, waren es nie die biblischen, sondern stets die wissenschaftlichen und historischen Angaben.

Eine ganz besondere Stellung nehmen die **biblischen Prophetien** ein. Diese erfüllen sich seit 3500 Jahren, solange es die Bibel gibt, bis in unsere Zeit - und bisher *ohne einen einzigen Fehler*. Das ist absolut menschenunmöglich und liegt weit außerhalb jeden Zufalls. Allein diese (nachprüfbare) Tatsache sollte ausreichen, jede wissenschaftliche Theorie, die eine göttliche Instanz von vornherein aussschließt, in Frage zu stellen. Sie bedeutet nichts anderes als eine **übernatürliche Bestätigung für die göttliche Inspiration der Bibel**. Nur Gott kann alles vorherwissen, nur er ist in der Lage, auch alles genauso in Erfüllung zu bringen. Ein stärkeres Indiz für die Glaubwürdigkeit und Autorität der Bibel gibt es gar nicht.

Allein dies spricht schon stark dafür, daß als Urheber des Lebens und Universums nur der biblische Schöpfergott in Frage kommt. Um so mehr, **als dieser Gott auch erfahrbar ist!** Er macht sich Menschen, die intensiv nach Sinn,

Wahrheit und dem realen Gott suchen, erkennbar. Das haben schon Millionen erlebt. Das erleben auch Menschen in nichtchristlichen Kulturen und Religionen, wenn sie nach dem wahren, lebendigen Gott suchen.

Gott offenbart sich in Gebetserhörungen, Gedanken, Visionen, Träumen, Predigten und am häufigsten beim Bibellesen. Ein Mensch, der diesem Gott sein Leben öffnet, erlebt eine **geistliche Berührung von Gott** - eine Art Begegnung, einen Kontakt, ein inneres Neuwerden. Dies kann eine innere und oft auch äußere Heilung mit sich bringen, eine Befreiung aus Gebundenheiten, eine neue Lebenssicht, eine neue Berufung und was immer Gott schenkt.

Das läßt sich nicht einfach als Einbildung, Selbsttäuschung oder religiösen Trip abtun. Das erleben auch Wissenschaftlicher und erzrationale, nüchterne, völlig unsentimentale Menschen. Das ist auch keine Eintagsfliege, sondern weltweit erlebbar und immer wieder neu erfahrbar. Es ist, um es ganz schlicht mit einem Wort zu sagen, Realität. Wer es verdrängt und nicht wahrhaben will, begeht einfach **Realitätsausblendung**. Obwohl das völlig unwissenschaftlich ist, ist es weit verbreitet. Es zeigt die Macht der Meinung, Grundeinstellung und Ideologie über die objektiven Daten.

Wir leben nicht als belanglose Zufallsprodukte auf einem winzigen Zufallsplaneten am Rande eines sinnlosen, leeren Universums, sondern sind gewollte Geschöpfe eines guten Schöpfers **mit Sinnbestimmung und Zukunft über dieses Leben hinaus**. Ob zum Guten oder weniger Guten liegt bei uns. Wir sind keine bedeutungs- und geistlosen Zufallsprodukte einer geistlosen Evolution, sondern von Gott geschaffene Geschöpfe mit hoher **Würde und Berufung**. Keine höherentwickelte Art aus einer imaginären Reihe Schlammtier - Schildkröte - Schimpanse, sondern geschaffen im Ebenbild Gottes. Berufen zum Verwalten und Mitherrschen über die Schöpfung.

Wem dies noch nicht genügt, um zu einer neuen Selbsteinschätzung und Wertvorstellung über sein Lebens zu kommen, dem sei hinzugefügt: **Dieser Schöpfergott kennt und liebt jeden Menschen persönlich.** Das erklärt unmißverständlich die Bibel, die durch ihre Prophetien einen göttlichen Wahrheitserweis in sich trägt. Das erfährt auch jeder Mensch, der sein Leben mit Gott *verbindet.* Wir sind vor Gott keine namenlosen, gesichtslosen Nichtse und Nullen, sondern geliebte und wertvolle Geschöpfe, die er ins Leben gerufen hat.

Lieber Leser, reicht Ihre Vorstellungskraft hierzu aus? Gott kennt Sie persönlich mit Namen und liebt Sie ohne Vorbedingung! Ein ungewohnter Gedanke, wenn man mit dem Evolutionskonzept aufgewachsen ist, stimmt's? Aber eine atemberaubende Tatsache. Es gibt dafür Millionen von Zeugen: alle, die mit Gott bereits in persönlichen Kontakt gekommen sind. Es stimmt wirklich: wir leben im Zentrum eines von Gott entworfenen Planes, sind von Gott eingesetzt und berufen, um diese kaputte, unheile, gefallene Welt zum Guten zu beeinflussen.

Heute: Jenseits von Eden

Es ist ja offensichtlich, daß die Welt, in der wir leben, kein Garten Eden mehr ist, sondern schwerste Mängel aufweist - Unglücke, Unfälle, Katastrophen, Kriege. **Dies ist nicht mehr die ursprüngliche Schöpfung,** wie Gott sie am Anfang geschaffen hatte und in der alles „sehr gut" war. Was sich heute hier an Mord und Totschlag, Grausamkeit, Unbarmherzigkeit, Ungerechtigkeit und Leid abspielt, ist kein „genialer Motor der Evolution", sondern **Folge der Trennung von Gott.** Gleich am Anfang der Schöpfung wählte der Mensch statt der Gemeinschaft mit Gott die Unabhängigkeit von Gott. Das war der Beginn allen Leides und allen Bösen, das bis heute **ungerichtet** jeden Menschen erreicht. (Hierin findet auch die oft gestellte Frage: „Warum läßt Gott es zu?" ihre Antwort.)

Wenn heute das Prinzip des Stärkeren dominiert, Fressen und Gefressenwerden, ständiges Blutvergießen usw., ist das kein wunderbares „Höherentwicklungsprinzip" der Evolution, sondern eine Folge der Selbstüberhebung und Selbstbestimmung des Menschen. Die Bibel spricht vom „Sündenfall". Sie definiert den jetzigen Zustand der Erde als **unheile, entartete, „gefallene Schöpfung"**, in der wir als ebenso unheile Geschöpfe leben. Mit anderen Worten: wir haben unsere ursprüngliche hohe, gottgegebene Berufung und Stellung verloren und müssen erst wieder da hineingelangen.

Ist diese biblische Diagnose realistisch? Wer Augen hat, kann nur zustimmen. Sie trifft den Kern der Dinge und deckt sich mit der Wirklichkeit, in der wir leben. Im Gegensatz zur Evolutionslehre betreibt die Bibel nie Realitätsausblendung. Sie stellt die Realität unbestechlich und schonungslos ins Licht, sogar auf Kosten ihrer eigenen „Helden".

Zusammengefaßt: Unser Leben hat Sinn, wir haben eine Zukunft, die über dieses Leben hinausreicht, sind aber von Gott getrennt und haben unsere eigentliche Berufung weitgehend verloren. Aus unserem Getrenntsein von Gott ergibt sich daher für jeden Menschen eine **Entscheidungssituation**: Entweder er stellt die Verbindung mit Gott wieder her und endet nach dem Tod im Guten, oder er beläßt es bei der Trennung von Gott und endet nach dem Tod im Unguten. Die Bibel spricht ganz klar von Himmel oder Hölle.

Mit dem **Himmel** können die meisten noch etwas anfangen, mit der **Hölle** nicht. Diese Möglichkeit scheint so weit weg, so eng, kleinkariert, verbohrt - ist Gott nicht ein Gott der Liebe? Stimmt, aber auch der Gerechtigkeit. Der Gedanke an eine Hölle ist, so wenig uns das paßt, durch und durch logisch. Wenn es keine Hölle gäbe, gäbe es auch keinen Himmel! Wenn nach dem Tod alles so bliebe wie auf der Erde, hätten wir „in alle Ewigkeit" Gewalt, Haß, Neid,

Egoismus, Streit, Ausbeutung, Lüge, Quälerei, Zank, Mobbing, Bösartigkeit wie gehabt - womöglich sogar weiterhin Götzendienst, Okkultismus usw. **Es muß daher eine Trennung von Gut und Böse geben,** sonst wäre Gott nicht gerecht und der Himmel kein Himmel mehr. Also muß es auch einen **Ort des Bösen** geben. Die Bibel nennt

ihn „Hölle". Okkultisten, die schon Satanskontakte hatten, wissen, daß eine jenseitige Dimension des Bösen Realität ist.

In Anbetracht der sich laufend und präzise erfüllenden biblischen Prophetien sollten wir davon ausgehen, daß **alle** Aussagen der Bibel gültig sind - über Gnade und Vergebung genauso wie über Sünde und Gericht.

Wie ich persönlich zum Glauben kam

Von Haus aus bin ich evangelisch, kam aber nie zur Gewißheit über die Existenz Gottes. Da mich die **Sinnfrage** schon immer bewegte, studierte ich Psychologie, um hier Antworten zu finden. Das trat aber nicht ein, und so war ich bis zu meinem 37. Lebensjahr **Atheist** bzw. **Agnostiker**. Jedenfalls hatte ich keinen Glauben an Gott. Mein Glaube war, daß der Glaube an Gott ein Phantasieglaube sei, eine Einbildung, eine Hilfskonstruktion für Menschen, die einen Halt suchten. Andererseits beschäftigte mich aber immer weiter die Sinnfrage. Ich empfand, daß unser Leben sinnlos ist, wenn nach dem Tod nichts mehr kommt.

Dann stieß ich im Buddhismus/Hinduismus auf den Gedanken einer **Reinkarnation** und war fasziniert. Das war doch die Lösung: Gerechtigkeit über den Tod hinaus durch viele Wiederverkörperungen; eine negative Bilanz, die man abarbeiten kann (das frühere „Karma"), eine positive Bilanz, die man aufbauen kann, das schien mir logisch.

Ich begab mich also in das weite Feld der fernöstlichen Religionen, der Esoterik-, Sonder-, Sekten- und Gurulehren. Ich ließ mir Informationen von allen möglichen Gruppen schicken und fand mich bald in einem Wald von vielen ganz unterschiedlichen, oft entgegengesetzten Wahrheiten wieder. **Mir wurde klar, daß nicht alles zugleich wahr sein konnte.** Schließlich kam ich auf Umwegen auch noch an die Bibel und fügte sie meinen anderen Wahrheiten hinzu. Ich schaute nur wenig in die Bibel hinein, doch das wenige, was ich über **Jesus** las, war beeindruckend. Er schien mir demnach viel vollmächtiger, wahrhaftiger, weiser, glaubwürdiger als jeder andere Menschheitslehrer. Was er gelehrt und gelebt hatte, befand sich auf einem ganz anderen Niveau, als ich von den Gurus, Meistern und Propheten gewohnt war, an die ich bis dahin glaubte.

Ich las, daß Jesus auferstanden sei. Also mußte er auch heute noch lebendig und ansprechbar sein. Ich las, daß uns von Gott etwas trennt, weswegen wir nichts von ihm merken können: unsere Sünden. Die hatte ich reichlich auf meinem Konto, das wußte ich, und so kam ich eines Tages an den Punkt, wo ich zu Gott zu reden begann. Ich betete ungefähr so: *„Jesus, wenn du existierst, vergib mir bitte meine Sünden. Ich möchte zu dir gehören. Mach mir bitte irgendwie klar, daß du existierst."*

Danach kam eine merkwürdige Freude in mir auf, die gar nicht mehr wegging. In den folgenden Tagen bekam ich eine ganz neue Sicht für mein Leben. Was mir früher wichtig gewesen war, verlor rasant an Bedeutung. Ich bekam plötzlich einen Heißhunger auf die Bibel und verschlang dieses Buch. Meine Ziele, Wünsche, Ansichten änderten sich wie von selbst. Ich merkte, daß da etwas geschehen sein mußte, aber ich wußte nicht, was. Ich wußte nur eines ganz klar: Das hatte ich **nicht aus mir selbst heraus produ-**

ziert, das war keine Einbildung und Autosuggestion, das war eine Antwort von außen. Von wo also? Es mußte durch mein Gebet geschehen sein.

Später stellte ich beim Bibellesen fest, daß ich etwas erlebt hatte, was Jesus **„neue Geburt"** nennt. Ich fand den Bericht darüber im Johannesevangelium (das Gespräch mit Nikodemus, Kap. 3). Von da an war mir klar: Von Gott kommen Antworten, er wirkt, er ist Realität. Ich erkannte, daß das Evangelium der Bibel eine ganz eigene, wunderbare Wahrheit verkündigt, die mit keiner anderen Wahrheit zu vergleichen ist. Und da ich das spürbare und reale Wirken und Handeln Gottes an mir selbst erlebt hatte, war mir auch klar, welches die richtige, wahre Wahrheit sein mußte.

Ich trennte mich also von all den anderen Wahrheiten, die ich bisher so gefunden hatte, und erlebte einen weiteren Schub innerer Freude und Freiheit, wie ich es nie gekannt hatte. Ich erlebte das innere Neuwerden durch den heiligen Geist, das die Bibel als Folge der „neuen Geburt" beschreibt.

Ich bin jetzt seit 28 Jahren Christ und habe diese Lebensentscheidung nie bereut. Mit großer Freude und Zuversicht sehe ich dem Tag entgegen, der mein letzter hier auf der Erde sein wird. Ich habe inzwischen hunderte von **konkreten Gebetserhörungen** erlebt. Gott ist real, ein liebender Gott, der auf Gebete reagiert. Ich habe inzwischen tausende von anderen Christen kennengelernt, die etwas Ähnliches wie ich erlebt haben. Gott verbirgt sich nicht, er hilft uns, ihn zu finden - wenn wir suchen. Das geschieht nicht nur im christlichen Umfeld, sondern **auch in anderen Kulturen und Religionen.** Das haben schon zahlreiche Menschen im Buddhismus/Hinduismus, im Islam und anderen Glaubensauffassungen erlebt. Der Gott, der sich in **Jesus Christus** erkennbar gemacht hat, ist ein **Gott der ganzen Welt**, der Schöpfer des Universums, der Geber des Lebens. Er offenbart sich, wo Menschen die Wahrheit suchen. So etwas ist nur möglich, wenn er existiert.

Das erste, was ich nach meiner Gotteserfahrung und den Jahren des Zweifelns, Suchens, Probierens und Prüfens tat, war, nach der Glaubwürdigkeit und Zuverlässigkeit der Bibel zu fragen. Gab es rationale Gründe und Argumente, diesem Buch zu vertrauen? Bestand ihr Anspruch, die Wahrheit, das Buch Gottes, inspiriert vom Heiligen Geist Gottes zu sein, zu Recht? Ich machte mich über die Literatur zur Bibel her und las auch zahlreiche Biografien und Erfahrungsberichte von Menschen, die etwas mit Gott und der Bibel erlebt hatten. Ich kam zu Erkenntnis, daß es **unübersehbare Beweise** für die göttliche Herkunft der Bibel gibt. Die historischen, naturwissenschaftlichen, geografischen Angaben werden von Wissenschaft und Archäologie bestätigt. Aber wirklich zwingend war für mich dann die übernatürliche Bestätigung durch die biblischen Prophetien.

Über 3000 Prophetien sind bisher eingetroffen, darunter über die Zerstreuung und Wiederansiedlung Israels (1900 Jahre ohne eigenen Staat), zig Vorhersagen auf das Leben von Jesus Christus, Vorhersagen über nahöstliche Städte und Ereignisse sowie in neuester Zeit immer mehr auch einige der Endzeitvorhersagen von Jesus. Es gab bisher noch keine einzige Fehlvorhersage.

Ich konnte daraus nur eine Schlußfolgerung ziehen: Hinter den Prophetien der Bibel muß derjenige stehen, der alles vorherweiß und auch in der Lage ist, es in Erfüllung zu bringen. Dazu ist nur Gott in der Lage. Dann mußte die Bibel tatsächlich göttlich inspiriert sein - Gottes Buch an uns Menschen. Ein übernatürlicher Beweis seiner Existenz.

Jesus sagte die Zerstörung Jerusalems voraus - geschehen 70 n.Chr. Eine Prophetie von Sacharja steht noch aus: „Taumelschale für alle Völker".

Über meine subjektive Erfahrung hinaus (die man in Frage stellen kann, solange man sie nicht selbst erlebt hat) lag hier ein nachprüfbarer, objektiver Beweis vor. Nach einem solchen Beweis suchen unzählige Menschen. Hier war er - unmöglich, ihn einfach als Einbildung abzutun. Dazu fand ich in Erfahrungsberichten viele weitere erstaunliche Hinweise wie konkrete Gebetserhörungen; Befreiung bei Drogenabhängigen, die sich radikal zu Jesus bekehrten; Heilungen Kranker, für die gebetet wurde usw.

Für mich steht heute fest: **Es gibt einen liebenden Gott,** der uns persönlich kennt und dem wir nicht gleichgültig sind - denn ich lebe ja mit diesem Gott. Dieser Gott möchte, daß es uns im Leben und auch nach diesem Leben gut geht. Dieser Gott lädt jeden Menschen ein, zu ihm zu kommen und sein Leben gemeinsam mit ihm zu gestalten. Dieser Gott trägt für alle Menschen Sorge: Er hat diejenigen, die zu ihm finden, beauftragt, alle Menschen auf ihn aufmerksam zu machen. Über diesen Gott können wir eine ganz persönliche Gewißheit erlangen.

Regenbogen: Zeichen des Bundes zwischen Gott und den Menschen

Dieser Gott ist auch die eigentliche und endgültige Antwort auf ein Evolutionskonzept, das ohne Fakten in der Luft schwebt. Er ist vor allen Dingen die Antwort auf ein Konzept, das die Menschen auf sich selbst zurückwirft, ihnen eine sinnlose Bedeutungslosigkeit einredet und sie **ohne Hoffnung, Ziel und Zukunft** in einer brutalen Welt zurückläßt, in der nur das Recht des Stärkeren gilt.

Das alles aufgrund einer ideologischen Festlegung, mit der eine übernatürliche Dimension von vornherein ausgeklammert wird. Kein Wunder, daß Atheisten wie Haeckel, Huxley, Marx, Hitler, Lenin, Stalin mit Freuden auf dieses Konzept einschwenkten. Die Frucht dessen haben wir in mörderischen Systemen reichlich erlebt. Wir erleben sie weiterhin in Werteverfall, Abtreibung, Drogenkonsum, Perversionen, schrankenlosem Egoismus, Selbstmorden und einer ständig steigenden Kriminalitätsrate.

Das Evolutionskonzept steht vor dem wissenschaftllichen Bankrott. Zuviele seiner Hypothesen erweisen sich als Luftblasen, und zuviele wissenschaftliche Fakten stehen ihm entgegen. Viele der jungen Evolutionswissenschaftler machen das Spiel nicht mehr mit. Sie wollen intellektuell redliche Wissenschaft betreiben und keine Ideologie. Die Wahrheit gilt ihnen mehr als eine krampfhaft atheistische Vorfestlegung.

Erst wenn wir uns vom scheinwissenschaftlichen Evolutionskonzept lösen, werden wir den Blick wieder freibekommen für unseren Schöpfer, der uns Gutes tun möchte. Irgendwann wird sich der wissenschaftliche Nebel lichten. Aber solange er noch unsere Köpfe füllt, leben und sterben Unzählige mit einer Fata Morgana, die ihnen weder Hoffnung noch eine gute Zukunft geben kann. Das muß nicht sein. Denn das marode Evolutionskonzept kann längst kein Hindernis mehr für den Glauben an Gott sein.

Der **Kontakt** mit diesem Gott würde das für jeden Suchenden, Nichtgläubigen und Evolutionsanhänger sofort klar machen. Diesen Kontakt kann man herstellen. Gott macht sich erkennbar, wenn man ihn sucht.

Es gibt fünf Weltreligionen, Hunderte von Philosophien und Ideologien, Tausende von Sonderlehren, 7 Milliarden persönliche Meinungen - **aber nur eine Realität**. Nur die zählt am Schluß. Diese Realität gründet in unserem Schöpfer, der sich in Jesus Christus offenbart hat.

Eine Bemerkung zum Schluß: Unser Leben hat ewige Konsequenzen. Ein Leben ohne Gott ist ein vergeudetes Leben. Wir haben nur ein Leben.

Ich wünsche jedem Leser, daß er das göttliche Leben und die wunderbare ewige Zukunft, die Gott uns anbietet, entdeckt und ergreift.

***

Sachregister

Weitere Bücher vom gleichen Autor:

Wozu lebe ich? Tb., 2. überarbeitete Auflage, 12 Cartoons, 64 S., € 2.40

In unserem Leben gibt es Grundfragen: Woher - wozu - wohin? Können wir etwas darüber wissen? Die Antwort ist ja. Wir können wissen, woher wir kommen, wozu wir leben und wohin wir gehen. Ein einladendes und leicht lesbares Büchlein, das Suchende, Zweifelnde, Jugendliche auf einer rationalen Ebene abholt. Ideal zum Weitergeben. (Staffelpreise)

Die 10 wichtigsten Fragen Tb., 128 S., viele Abbildungen, € 3.00

Beantwortet kompakt die großen Fragen: Sinn des Lebens, Religionen, Esoterik, Reinkarnation, Gottesbeweise, Wahrheit der Bibel, Evolution, Leben nach dem Tod, Warum läßt Gott es zu, unsere göttliche Bestimmung. In kurzen, übersichtlichen Kapiteln werden zahlreiche Daten und Fakten vorgestellt. Eine leicht verständliche Fundgrube für Christen, Suchende und Neubekehrte. (Staffelpreise)

Wie geht es dir in 100 Jahren? Broschüre, 48 S., vierfarbig, € 1.60

Keine Juxfrage, sondern irgendwann für jeden aktuell. Worin sehen wir den *falschen* Sinn unseres Lebens, was ist der *richtige*? Warum können nicht alle Religionen wahr sein? Wie stellen wir die Weichen für eine gute Zukunft? Können wir die wichtigsten Dinge verpassen? Viele Denkanstöße. Zum Weitergeben an Suchende. (Staffelpreise)

Was, wenn die Bibel wahr ist? Paperback, 176 S., € 6.40

Die Bibel - Märchenbuch oder Wort Gottes? Von Menschen oder von Gott? Veraltet oder aktuell? Gültig oder nicht? Die Bibel macht alles klar: Ihre prophetischen Vorhersagen erfüllen sich bis in unsere Zeit, ohne Fehler. Die unmöglichen Zufälle beweisen ihre göttliche Herkunft. Die Fälschungen, Irrtümer, Widersprüche, die man ihr unterstellt, existieren nicht. Eine Einstiegs- und Verständnishilfe, verschafft einen Überblick über *die großen Linien* und *Hauptaussagen*. Zeigt, wie Gott durch sein Buch persönlich zu uns redet.

Entscheidet die Bibel unsere Zukunft?

17 Gründe, warum die Bibel wahr ist. Für Skeptiker, Suchende, Neubekehrte. Zeigt, daß die Bibel unverfälscht und göttlich inspiriert ist. Brosch., 8 S. € 0,50

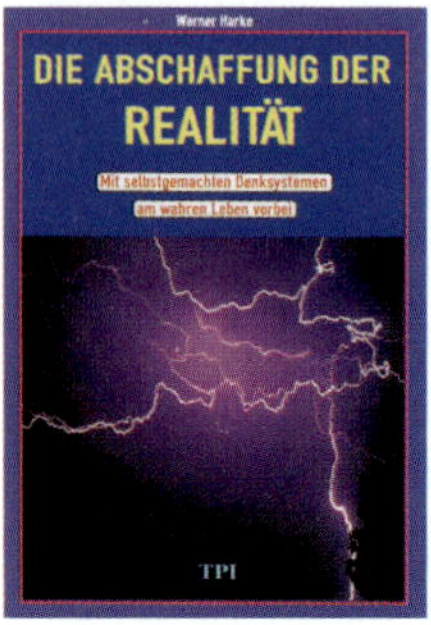

Die Abschaffung der Realität - Die Kunst, sich selbst zu belügen; Tb., 159 S.; € 4,-

Sind Sie es satt, manipuliert zu werden? Daß Ihr Denken und Handeln von Meinungsmachern bestimmt wird? Dieses Buch deckt die Lügen vieler schillernder Denksysteme, glitzernder Ideen, bestechender Meinungen und hochtrabender Theorien auf. Es entlarvt die dahinterstehenden Mächte und hilft aus ihrem Sog. Es verhilft zu Klarheit und Durchblick, schafft Freiheit im Denken und schenkt Zuversicht für den Alltag. Mit 25 Cartoons.

Übernatürliche Erlebnisse **auf der Schwelle vom Leben zum Tod** Tb., 158 S., € 6.80

Patienten, die klinisch tot waren, konnten hinterher beschreiben, was die Ärzte während ihrer Operation taten. Manche sahen verstorbene Verwandte, von denen noch niemand wußte, daß sie verstorben waren. Derartige Angaben erwiesen sich als korrekt. Inzwischen untersuchen Wissenschaftler Nahtod-Erlebnisse, Engelbegegnungen usw. Die Phänomene sind real, aber entscheidend ist, wie sie zu beurteilen sind. Was ist echt, was unecht; was gut, was schlecht? Das klären die zahlreichen Fallbeispiele und Erfahrungsberichte in diesem Buch.

Kurzinformationen, Traktate, Flyer über Lebens- und Glaubensfragen zum Weitergeben. Gesamt-Mustersatz z.Z. ca. 70 Titel € 6.50; Teil-Set vierfarbig z.Z. 28 Titel € 3.50, jeweils inkl. Porto. 3 Muster gratis

TPI, Schloßgasse 1, D-86857 Hurlach;
Tel. 08248-12225; Fax: 12241; www.tpi-flyer.de